焦虑型
人格

ANXIOUS
PERSONALITY

为什么我们总是
感到不安

米苏 —— 著

中国纺织出版社有限公司

内 容 提 要

人人都可能焦虑，且大部分人的焦虑与现实问题有关，一旦现实问题解决了，焦虑也会随之消退。然而，对有些人来说，即使没有内在的冲突，也没有糟糕的事件发生，他们也会经常陷入紧张不安之中，这种常态化、广泛性、持续性的焦虑不是焦虑症，而是一种人格特质。

在焦虑型人格者看来，这个世界充满了危险，必须时刻保持警惕。因为过度担忧、情绪敏感、长期紧张，他们经常感到身心俱疲。如果你是焦虑型人格者，这本书会让你更加了解自己，知道自己的焦虑是怎样产生的，以及如何跟自己的易焦虑体质相处。

图书在版编目（CIP）数据

焦虑型人格：为什么我们总是感到不安 / 米苏著. 北京：中国纺织出版社有限公司，2025.2. -- ISBN 978-7-5229-2306-2

Ⅰ. B842.6-49

中国国家版本馆CIP数据核字第2024ML3494号

责任编辑：郝珊珊　责任校对：高涵　责任印制：储志伟

中国纺织出版社有限公司出版发行
地址：北京市朝阳区百子湾东里A407号楼　邮政编码：100124
销售电话：010—67004422　传真：010—87155801
http://www.c-textilep.com
中国纺织出版社天猫旗舰店
官方微博：http://weibo.com/2119887771
天津千鹤文化传播有限公司印刷　各地新华书店经销
2025年2月第1版第1次印刷
开本：880×1230　1/32　印张：6
字数：184千字　定价：55.00元

凡购本书，如有缺页、倒页、脱页，由本社图书营销中心调换

序　言

　　《列子·天瑞》里有一则"杞人忧天"的故事，讲的是杞国有个胆小又神经质的人，经常想一些稀奇古怪的问题，甚至因为担心天塌下来而惶恐不安，别人怎么劝都没用。听起来真是荒谬又滑稽，但如果你了解焦虑型人格，就知道"杞人"不只存在于故事中。

　　如何判断自己是不是焦虑型人格呢？如果你之前没有做过测试，或是对自己的人格特质不够了解，那么你可以对照下面的这些情境，看看它们与你的真实情况是否相符。

　　○ 喜欢胡思乱想，有杞人忧天的倾向。

　　○ 想到令人不安的事情，就会失眠。

　　○ 常常担心因迟到而耽误了要事，并为此感到不安。

　　○ 习惯尽早准备好该做的事情。

　　○ 倾向于多次查看列车时刻表、预定和约会的时间。

　　○ 如果等待的人迟迟未到或未归，总是忍不住想到对方遭遇了意外。

　　○ 在遇到意外的惊喜时，会出现心悸的反应。

　　○ 经常会莫名其妙地感到紧张。

　　○ 非常厌恶和害怕不确定性。

　　○ 经常事后才发觉，自己对一些小事紧张过度了。

　　○ 总要求自己不能出错，总是给自己加压。

○ 很在意别人的看法，尤其是负面的评价。

如果上面的这些描述大部分戳中了你的生活状态和心理感受，说明你的确有焦虑型人格的特质和倾向。这很正常，每个人都不止一种人格，你可以把人格理解成面具，我们在不同的社交场合会戴上不同的面具，表现出不同的形象，以适应不同的情境。焦虑型人格只是意味着，这个面具在你的生活中经常出现，你比其他人更容易焦虑。

人格特质本身没有好坏之分，没有必要排斥或压抑任何一种人格特质，不管它是不是自己喜欢的。每种人格特质都有其存在的理由，也有其适用的情境。从进化的角度来看，焦虑对生存有着重要的意义。认知行为心理学家阿尔伯特·埃利斯说过："合理的焦虑对人类而言是一种恩赐，它可以帮助人们获得自己想要的东西，避免担心的事情发生。"

焦虑型人格的形成，受遗传、环境、教育，以及某些创伤性事件等多方面因素的影响。从精神分析角度来说，焦虑型人格者总是过度担忧、惴惴不安，其实是为了对抗一种更深层、无意识的焦虑，这种焦虑与他们早年经历的某些生活事件有关。

焦虑型人格者常常会受到情绪问题困扰，他们比其他人显得更胆小、更怯场、更消极、更没有安全感、更爱胡思乱想……在他们看来，生活中充满了危险，必须时刻警惕，才能保护自己不受伤害。实际上，这并不是事实，而是他们的主观臆想。

人的成长，就是不断了解自我、提升自我、完善自我的过程。尽管人格具有独特且相对稳定的行为模式，但它并不是僵化、无法改变的。每个人的人格或多或少都存在一些不完善之处，但也正因为万物皆有裂痕，才给了光照进来的可能。

这本书是献给焦虑型人格者的关爱手册，也是一本人格成长指南，能帮助焦虑型人格者更好地认识自己、理解自己，从而使他们掌握与焦虑体质相处的方式，重塑内在的信念——"我知道生活中的确存在危险，应该警惕并做好准备，但不必过分担忧"，改善社交焦虑，拥有更从容、更自在、更松弛的生活状态。

目 录

PART 1　厄运尚未降临，我已惊慌失措　　001
——焦虑型人格的 8 种表现

1. 怎么还没回来，难道路上出事了　　002
   表现 1：对风险过度担忧

2. 这么痛快就签了合同，会不会有问题　　005
   表现 2：凡事爱往坏处想

3. 你想给我惊喜，我感受到的是焦虑　　009
   表现 3：害怕不确定性

4. 我所做的一切，都是为你好　　012
   表现 4：强烈的控制欲

5. 不腻在一起时，觉得自己被抛弃了　　015
   表现 5：焦虑型依恋

6. 说不出原因，就是莫名其妙地紧张　　018
   表现 6：广泛性焦虑

7. 那种可怕的"濒死感"又来了　　024
   表现 7：惊恐发作

8. 我只想快点儿离开这里　　028
   表现 8：社交焦虑

PART 2　为什么我比别人更容易焦虑
——焦虑背后的心理困境　031

1 从前怕被母亲训斥，现在怕被领导喊话　032
　　心理困境1：强迫性重复
　　重建内心1：构建安全的依恋关系

2 我也想放松一点，可我做不到　039
　　心理困境2：必须强迫症
　　重建内心2：拿回人生的主动权

3 我觉得自己很差劲，什么都做不好　045
　　心理困境3：自我贬低
　　重建内心3：提升内在的力量感

4 分离让我焦虑，最好一直陪着我　052
　　心理困境4：分离焦虑
　　重建内心4：理性地看待"缺席"

5 事情已经过去了，我仍然困在当时　058
　　心理困境5：创伤后应激障碍
　　重建内心5：诚实面对过往的经历

PART 3　如何跟自己的焦虑体质相处
——接纳比抗拒更有意义　065

1 动不动就焦虑，是不是太没用了　066
　　重塑认知1：合理的焦虑有积极意义

② 总劝自己想开点儿，结果还是想不开　　　069
　　重塑认知 2：允许负面思维的存在

③ 为什么越抗拒焦虑，越会加剧焦虑　　　072
　　重塑认知 3：抗拒焦虑＝为焦虑赋能

④ 当焦虑来袭时，你可以做点什么　　　075
　　重塑认知 4：与焦虑进行理性的对话

⑤ 选择遮掩焦虑，就又多了一重焦虑　　　078
　　重塑认知 5：不加评判地接受焦虑

⑥ 不说"我很焦虑"，说"我在体验焦虑"　　　081
　　重塑认知 6：把自己和焦虑情绪区分开

PART 4　焦虑是一场关于想象的游戏　　　085
　　　　　　——把注意力拉回当下

① 焦虑是大脑对未知事件的想象　　　086
　　处理方法 1：不过度认同自己的想法

② 99% 的预期烦恼并不会真的发生　　　089
　　处理方法 2：做好当下的事

③ 如何处理大脑中那些焦虑的想法　　　093
　　处理方法 3：感谢焦虑的提醒

④ 失控的状态，简直太让人抓狂了　　　095
　　处理方法 4：预想灾难后备方案

⑤ 焦虑时大脑一片混乱，不知道怎么办　　　099
　　处理方法 5：掌握有序思考的技巧

目　录　3

⑥ 怎样做到"不念过去，不畏将来" 102
　　处理方法 6：关注此时此刻

⑦ 为什么越闲的时候，越容易焦虑 104
　　处理方法 7：创造心流状态

PART 5　恐惧永远都在，学会与之共处 109
　　　　　——强韧心灵的成长路径

① 经常被人嘲笑胆小，我也讨厌自己这样 110
　　心灵成长 1：不为恐惧感到羞耻

② 无视恐惧的存在，就是"勇敢"吗 113
　　心灵成长 2：无视恐惧也是逃避

③ 怎样控制自己对恐惧的生理反应 117
　　心灵成长 3：用享受和鼓励替代排斥

④ 感到恐惧的时候，你可以试着说出来 120
　　心灵成长 4：分享恐惧

⑤ 怎样克服对特定事物的恐惧 122
　　心灵成长 5：强迫暴露或系统脱敏

PART 6　你想逃离的是人群，还是负面的评价 127
　　　　　——找回做自己的勇气

① 为什么我不能像别人一样从容 128
　　跳出桎梏 1：有社交焦虑很正常

❷ 你从什么时候开始变得害怕社交 　　132
　　跳出桎梏 2：找到社交焦虑的根源

❸ 总担心被人看到自己的不足 　　135
　　跳出桎梏 3：接纳不够好的自己

❹ 动不动就脸红，真是太窘迫了 　　138
　　跳出桎梏 4：掌握克服害羞的方法

❺ 害怕建议和评价，总有一种危机感 　　142
　　跳出桎梏 5：正确处理他人的评价

❻ 真正严厉的批判家，也许是你自己 　　146
　　跳出桎梏 6：停止自我攻击

❼ 害怕被人拒绝，也不敢拒绝别人 　　149
　　跳出桎梏 7：克服投射效应

❽ 你不是世界的中心，没有那么多观众 　　152
　　跳出桎梏 8：减少过度的自我关注

PART 7　天生焦虑星人，如何活出松弛感
——拥有松弛人生的 7 个指南　　155

❶ 用好的想法和感受改变生活 　　156
　　松弛指南 1：调整关注的焦点

❷ 不要试图把每一分钟都填满 　　159
　　松弛指南 2：摆脱时间焦虑

❸ 试着接受，压力是生活的一部分 　　162
　　松弛指南 3：与压力和平共处

4 为自己找寻一个情绪树洞　　　　　　　　165
　　松弛指南4：学会倾诉和宣泄

5 运动是拯救精神疲惫的良药　　　　　　　168
　　松弛指南5：选择合适的运动

6 吃对食物可以调节情绪　　　　　　　　　171
　　松弛指南6：用食物平静心灵

7 把睡觉当成重要的事来管理　　　　　　　174
　　松弛指南7：保证良好的睡眠

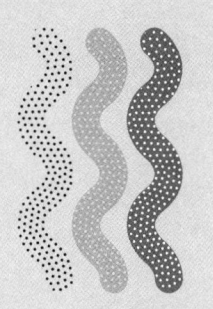

PART 1

厄运尚未降临,我已惊慌失措
—— 焦虑型人格的 8 种表现

1 怎么还没回来，难道路上出事了

表现1：对风险过度担忧

陈女士总是一副忧心忡忡的样子，她经常会被脑子里忽然闪现出的想法"吓"住。

"最近右眼皮总是跳，该不是要得面瘫吧？"

"昨天爱人说公司缩减业务，不会要裁员吧？万一他失业了，去哪儿找工作呢？"

"儿子说话那么直接，这在职场是要得罪人的呀！不知道下次晋升有没有他？"

类似这样的想法，时常会不自觉地从陈女士脑海中冒出来。一想到这些可能会发生的状况，陈女士就紧张得揪心，胸腔里像是憋了一口闷气。

谨小慎微，防患于未然，可以帮助我们减少或避免一些意外和灾祸。毕竟，在灾祸面前，生命是微不足道的，脆弱得不堪一击。所以，我们都会定期检查天然气管道是否有泄漏；出门时要查看有没有锁好门；远行之前要仔细检查车况……然而，这并不妨碍我们在大多数时候维持正常的生活，我们不会天天担心燃气爆炸或想象家里失窃的画面；对于亲人遭遇车祸、家人罹患重疾的小概率事件，若不是真的发生，也很少会为它忧思劳苦。我们只要对可控的风险采取必要的预防措施就行了。

陈女士的情况有所不同，她经常为那些尚未发生，甚至不太可能发生的事情担忧，让自己紧张不安、焦躁难耐。按照常规的思考逻辑，眼皮频繁跳动，可能是休息不好或受风着凉所致；丈夫的公司缩减业务，可能是想集中资源拓展盈利更高的板块；儿子说话直接，可能是这一代年轻人更有自我意识，活得更加真实。可是，这些问题到了陈女士那里，却和面瘫、失业、得罪人、晋升失败扯上了关系。

这种对预期的焦虑、对风险的过度关注，表现的是焦虑型人格的特点。焦虑型人格者通常会以一个普遍的前提假设来指引生活，这也是他们与非焦虑型人格者在信念上的区别，即："生活处处有风险，我必须时刻保持警惕，避免或控制一切会伤害到我和亲人的潜在威胁。"

如此看来，焦虑型人格者真的很"胆小"。他们是不是缺少应对风险和意外状况的能力呢？其实不然，当真正的危险发生时，焦虑型人格者是可以冷静应对的。

陈女士的丈夫曾经摔伤了手臂，从送医到办理住院等一系列事务都是陈女士独自处理的。真正麻烦的问题是，这件事情发生过后，陈女士变得更容易焦虑了，一旦丈夫下班回来晚了，她就会被各种假设的想法闹得心神不宁，担心丈夫在途中出了意外。

容易焦虑，从预见风险的角度来说，是一种优势。从进化的角度来看，焦虑对生存有重要意义，有助于增加生存和繁衍后代的机会。比如：打猎时要时刻小心，寻找比较安全的路线，警惕周围是否有野兽出没；焦虑的母亲对孩子更加关注，视线一刻也不离孩子，能够确保孩子的安全。所以说，适度的焦虑是有益的，虽然它是一种令人不太舒服的情绪体验。

当焦虑的频率和强度超出了正常范围，甚至让人陷入一种随时保持警惕的状态中，就会演变成一种人格缺陷或障碍。焦虑型人格者大都存在这样的倾向：过分敏感的预警系统让他们长期处于一种轻微的惊恐状态中，且对恐惧的反应也比其他人更强烈。任何潜在的威胁都会被他们盲目夸大，看起来就像是真实存在的危险。

焦虑型人格者犹如一台"扫描仪"，不断地对周围环境进行扫描，搜寻所有潜在的威胁，有选择性地关注危险信号。他们的恐惧预警系统非常敏感，响铃又快又频繁，若不能有效地理解、接受和控制焦虑，会给身心造成极大的痛苦。毕竟，整天想着可能发生的灾祸，很容易让人精神紧张、辗转难眠。

这种对低概率风险事件的担忧，通常都是被他们主动幻想出来的一些灾难性后果引发的。从理性的角度来看，这些担忧是没有必要的，完全是焦虑型人格者主观上将风险夸大了，又被焦虑不安夺走了全部的注意力所致。如果试着把注意力从触发情绪的想法和感受上移开，烦躁、紧张和不安等焦虑症状就会改善。

你可以决定把自己的注意力放在哪里，决定自己想要注视的方向，正如弗兰克尔在《活出生命的意义》里所说，人在任何境况下都有选择的自由。

2 这么痛快就签了合同，会不会有问题

表现2：凡事爱往坏处想

赵莉在某医疗科技企业工作，主要负责推广宣传新型胶囊胃镜。最近，她做了一份详尽的市场推广方案，领导层很认可，公司也准备启动这一方案。对此，赵莉颇有成就感。

周一早晨，赵莉换上新买的套装，准备吃完早餐后就去给客户送资料。此刻，赵莉的妈妈正坐在沙发上，眉头紧锁，像是在思索什么。终于，她忍不住开口问道："莉莉，你们这个胶囊胃镜，到底安不安全？现在是你联系的合作方，万一出了事故，谁来担这个责任？我跟你说，这可不是小事儿，

咱们真负不起这个责任……"

赵莉跟妈妈解释，公司的产品绝对有安全保证，而且都是院方的医务人员来操作。可是，妈妈还是很忧心，甚至建议赵莉放弃这个项目。听到这样的话，赵莉心中瞬间涌起了怒火，自己费了好大的功夫才把这个项目促成，还没来得及享受这份成就感，就被妈妈泼了一盆子冷水。她指责妈妈"瞎操心"，妈妈顿时也来了气，话锋一转，开始对赵莉进行人身攻击："我告诉你，别把事情想得太简单，凡事不能得意得太早，万一……"

赵莉早就厌烦了母亲的这种妄自揣测、自以为是，她吼道："你是不是就盼着我出点事儿呢？从小到大，不管我做什么，你都觉得前面有'坑'等着我，压根就没说过什么好话！你这种人简直就是……见不得人好！"说完，赵莉夺门而出。

走在路上，赵莉的脑子里就像放电影一样，闪现着她和妈妈争吵的画面。她无法理解，为什么妈妈总喜欢把事情往坏处想。家里闲置了一套老房子，因为位置比较偏，出租信息在网上挂了很长时间都无人问津，前几天终于租出去了。这原本是件好事，妈妈却一脸凝重，冒出一句话："这么痛快就租了，会不会有问题？万一他们在房子里做违法的事怎么办？"她甚至还念叨，想要去搞"突击检查"，赵莉不赞同这样的做法，两人又起了争执。

赵莉知道，妈妈今日的担忧是出于对自己的关心，但这份关心让她感到厌烦。毕竟她已经33岁了，完全知道自己在做什么。然而，每次出差，妈妈都要详细了解她的行程安排，途中还要打电话询问，生怕她出什么意外。好不容易到了酒店，妈妈还要操心她的居住环境是否安全、卫生。要是赵莉感觉身体不适，妈妈说话的语气就会变得急躁，不仅会指责她不会照顾自己，还会联想到这些症状可能是某种严重疾病的前兆。

总之，无论好事还是坏事，到了妈妈那里，都很难得到正面的反馈，迎面而来的永远是那些不知从何而来的负面联想、评价，以及焦虑和恐慌的紧张空气。

焦虑型人格者喜欢过度思考，且凡事总爱往坏处想，看不到事情的积极面。比如：把完成的图纸发给老板，半天没得到回复，就猜想老板可能不满意，对自己很失望；会议上轮流发表意见，自己说完之后忽然冷场了，就认为大家对自己有看法。赵莉妈妈也是如此，对女儿做出的工作成绩没有给予一句肯定，反而给女儿泼了一大盆冷水，担心会发生医疗纠纷；老房子租出去之后，担心租户不靠谱，会搞一些违法的活动。

以上种种都是在没有任何事实依据的情况下，根据主观臆想和假设人为得出的"结论"，而焦虑型人格者却把这些认定为"事实"。从心理学上来说，这种现象属于"自动化思维"。

自动化思维是指大脑中自动产生的思维、观念和想法，它们是自动出现的，无须刻意思考就会产生，且听起来似乎合情合理。习惯把事情往坏处想，则是负性自动思维。

常见的负性自动思维有很多种，在此列举部分作为参考：

○ 非此即彼："不能做到最好，就意味着失败。"

○ 糟糕至极："考不上好大学，这辈子就没有希望了。"

○ 自我贬低："这个月的业绩突出，只是运气好罢了。"

○ 情绪推理："他总是冷冰冰的，离他远一点吧！"

○ 标签思维："我太普通了，谁会在意我呢？"

○ 度人之心："说话那么高傲，不就是看不起我吗？"

○ 以偏概全："天下乌鸦一般黑！"

○ 绝对要求："我必须这么做，而且还要赢得所有人的认可！"

有些时候，做一些坏的打算，可以提升我们应对困境的适应能力。可还是那句话，凡事有度，过犹不及。终日胡思乱想，什么事都往糟糕的方向思考，很容易影响正常的生活状态，把自己推向焦虑、紧张和烦躁的情绪深渊，也会让身边人感到厌烦。

焦虑型人格者的负性自动思维，与他们对自我、他人和事物的期望值过高有关，也与他们自身的非理性信念有关。要摆脱负性自动思维，缓解焦虑情绪，可以尝试转移注意力，或是把自己担忧的问题、负面的想法统统写下来，将其具体化。当然，这些办法只能作为"手段"，想从根本上解决这一问题，还是得改变错误的观念与认知。这并不容易，但值得努力。

3 你想给我惊喜，我感受到的是焦虑

表现3：害怕不确定性

趁着丈夫出差的这段日子，琳达把家里的墙壁重新粉刷了，又将客厅的老旧家具替换了，样式都是丈夫喜欢的风格。她想给他一个惊喜，让他回家后感觉家中焕然一新。忙活了大半个月，她的这份心意，有没有换得预想中的结果呢？

回到家后的丈夫，口头上对琳达的付出表示了认可，说操持这些事情很辛苦。但是，琳达看得出来，丈夫并不是发自内心地高兴，甚至还有些烦躁。

那么，琳达的丈夫到底是怎么想的呢？

望着这个大变样的家，他内心的惊恐和焦虑远远超过了惊喜。他的脑子里闪现出了一连串问题："装修和更换家具的钱，不在预算范围内，这些钱该怎么补上？下个月汽车要续保，全险的费用也不低，这样一来会严重透支的呀！这套家具的质量怎么样呢？她对板材之类的东西并不了解，会不会掉进商家的消费陷阱呢？"一连几天，他都被这些问题困扰着，琳达给他制造的这份惊喜，实在是太难消化了！

没有人喜欢不确定性，这一特质是刻在人类的基因里的。

在古老的穴居时代，未知洞穴的拐角处可能会潜伏着野兽，祖先们一不留神就会被它吃掉。如果预先知道有这样的情况存在，就可以提前做好防御工作，提高生存的概率。正因如此，忧虑才会出现和延续，它总会在脑海里用极具煽动性的语言告诫我们："如果你听我的，我可以让你更安全。"

为了获得安全感，为了确保坏事不会发生，绝大多数人会在某些时刻感到忧虑，试图与不确定性进行对抗，这种不安是正常且普遍的。然而，焦虑型人格者对不确定性的容忍程度明显低于正常水平，他们几乎在任何事情上都无法控制自己对不确定性的忧虑，经常会提前准备或过度规划，试图消除不确定性诱发的焦虑。

对琳达的丈夫来说，惊喜和意外都意味着威胁，他讨厌这种不确定的感觉，更希望一切井然有序地发生，都在可预测的范围之内。每次旅行之前，他都会提前一周制订详尽的计划，包括乘坐哪一趟车或飞机、住哪一家酒店、吃哪一家餐厅，一定要明确无误。到了出行那日，哪怕只有1小时的车程就能到车站或机场，他也要起一个大早，至少提前3小时出门，生怕途中有意外状况。到了旅行之地，他喜欢按照既定的计划去游玩，若是琳达临时提出去其他地方，他就会很纠结、很犹豫，因为这不在计划范围内，他认为必须谨慎决策。

为了消除或避免不确定性，焦虑型人格者经常会做出如下行为：

○ 反复询问身边人对自己决策的看法，以寻求确认。

○ 列出一份或多份冗长详细的"待办事项"清单。

○ 反复打电话给家人或孩子，确保他们安然无恙。

○ 多次检查待发信息或邮件，确保语言组织得当、没有错误。

○ 拒绝把某些任务交给其他人，只因无法"肯定"他人能否正确执行。

○ 拖延或回避某些特定的问题和情境，以避免不确定的结果。

○ 保持僵化的日常安排，难以忍受生活节奏有变动。

○ 用忙碌的方式让自己无暇思考，以回避不确定感诱发的焦虑。

无论是上述的哪一种行为，都需要耗费大量的时间和精力，因为没有人可以摆脱生活中所有的不确定性，除非可以预见未来，预见余生每一天的生活景象。若真如此，人生还有什么乐趣呢？管理恐惧和忧虑的关键，并不是极力回避或消除所有的不确定，而是允许和接纳不确定的存在，增强自己的韧性，与之和平相处。

4 我所做的一切，都是为你好

表现 4：强烈的控制欲

K 是一个 14 岁的男孩，最近一个月来经常感到倦怠，动不动就和周围的同学吵架、拌嘴，控制不住自己的脾气；晚上的睡眠也不太好，会做一些和追杀有关的噩梦。上周期中考试，他的成绩下滑很明显，身心的不适和学业的压力，让 K 产生了明显的焦虑感，偶尔会觉得心中憋闷、坐立难安。

妈妈看到 K 的考试成绩后，立刻给班主任打去电话询问。班主任强调，一次考试成绩说明不了什么，K 平时的成绩还是不错的。妈妈仍旧不放心，她知道青春期的孩子容易出现情绪波动，认为 K 可能是遇到了心理困惑，就给他预约了一套完整的专业心理评估，其中还包括智力测试。

看到心理评估的反馈之后，妈妈很不满意，她强调说："K 从小学东西很快，成绩也很好，为什么报告里显示他的智力只是一般水平？是不是有什么问题？"关于 K 经常做噩梦的问题，心理咨询师也做了分析，说孩子压力比较大，背负着过高的期望。妈妈并不认可这样的解释，她认为 K 是自己亲手带大的，谁也不如她更了解自己的儿子。

之后，妈妈给K报了一个昂贵的课程，承诺每天晚上陪他一起学习，想靠自己的能力帮助儿子"重回正轨"。她还告诉K："我做的这一切，都是为你好！这个世界上，没有任何一个人比我更想把你照顾好。"

K被动接受了妈妈的安排，可他对学习和生活仍旧充满了厌倦，内心的痛苦没地方宣泄，现实的处境让他无所适从。妈妈总是按照自己的想法做事，总是强调她是最关心自己的人，可是这份爱就像是一把枷锁，把K牢牢地锁住了，他无法挣脱，也不敢挣脱。

K的妈妈爱自己的儿子不假，但这份爱的核心不是理解与共情，而是一种控制欲。如果K的行为表现满足她的期待，母子之间的关系就很融洽；如果K偏离了她预定的成长路线，她就会产生一种强烈的失控感。

控制欲，是指个体对某一件事或某一个人在一定程度上的绝对支配欲望。控制欲强的人不接受有意外状况或是差错。心理学家认为，控制欲折射出的是一个人内在的安全感缺失。

这样的情况在现实中并不少见，当子女未能遵从父母的意愿时，后者就会摆出"我都是为你好，我为你付出了那么多，现在只是对你提出一个小小的要求，你竟然都不愿意"的态度，试图让孩子萌生愧疚感，继而利用这种愧疚感去控制孩子的行为，让他们顺从自己的意愿。这种以爱为名的控制，对孩子的伤害是很大的，也会严重影响亲子关系。

控制欲强的人，安全感较低；安全感较高的人，控制欲较弱。由于焦虑型人格者极度畏惧不确定性,所以他们总想把一切都掌控在自己的手中,这种控制欲不只体现在处理事情时,还体现在对身边人行为的限制上。换句话说,他们试图通过控制他人来缓解自己的焦虑。他们认为如果身边的人听从自己的安排,那么一切都是可以预见和掌控的,这会让他们感到踏实。

控制欲是对他人的一种"绝对占有",不允许对方在思想、行为上违背自己的预期和安排,控制欲存在于各种人际关系中。焦虑型人格者畏惧不确定性,做事谨小慎微,有追求完美的倾向,这也使他们在亲密关系和职场关系中,经常对另一半或下属的行为进行过度干涉,造成关系紧张。

焦虑型人格者需要认识到,控制欲不过是自己内心的需求,实际上并不能让事情完全按照自己的预期去发展。一旦控制的欲望未能得到满足,焦虑的情绪很快就会向焦虑型人格者袭来,有时还会导致他们产生言语攻击、冷暴力等极端行为。想想看,这个世界上有多少事情完全在我们的掌控中呢?如果不能放下控制欲,焦虑是没有尽头的。

5 不腻在一起时，觉得自己被抛弃了

表现5：焦虑型依恋

刚坐到咨询室里，Y就红着眼圈说，她和先生又吵架了！

Y："昨天晚上，他和几个大学同学出去吃饭了，虽然事先告诉了我，但我还是有些担心。我怕他们喝多了，做出什么不好的事情，这样的新闻也挺多的。我就给他打电话，让他少喝点。到了晚上10点多，他还没回来，我就又给他打了一个电话，催他赶紧回来。他觉得我烦，就把电话挂了。我继续打，他不接；连续打了七八次之后，他竟然关机了！我特别生气，直接把手机摔了，那是他新给我买的……我越想越觉得委屈，一个人哭了半天。"

咨询师："后来呢？又发生了什么？"

Y："大概12点多，他回来了。我装作睡着了，没搭理他。"

咨询师："他是什么反应？"

Y："他竟然像没事一样，洗漱完就睡觉了。"

咨询师："当时，你有什么感觉？是怎么处理的呢？"

Y："我气不打一处来，使劲推他，让他走开！他没说话，就抱着被子去客厅了，任由我在卧室里哭。"

咨询师认真倾听Y的述说，回应着她的感受，同时也想起Y之前讲述过的一些类似的情景。她总是希望先生陪在自己身边，时刻都能回应自己的感受，一旦对方不在身边、不能及时回复信息，她就会感到不安。

之前，先生都很照顾Y的感受，可是相处久了，他觉得彼此之间应该有基本的信任，也该给彼此留出独立的空间。他们聊过这个话题，Y也同意先生的意见，只是一到具体的情境中，她就又会重复原来的行为模式。如果丈夫不及时回应她，或是没有给予她预期的反馈，她就会觉得很委屈、很焦虑，内心会体验到一种类似"被抛弃了"的痛苦。

在人际关系中，安全感主要体现在以下三个层面。

1. 接近

不害怕与人建立亲近的关系，有爱与被爱的能力，对情感保持开放的态度。

2. 分离

可以容忍亲近的人（家人、朋友、伴侣）暂时离开，允许他们偶尔粗心大意，偶尔忽视我们，偶尔说错话伤到我们。

3. 重聚

当亲近的人（家人、好友、伴侣）再度出现，把注意力重新放在我们身上时，我们依然可以敞开双臂接纳对方，与之保持亲近的关系。

在正常情况下，我们不可能与某个人一天24小时黏在一起，也没有一个人可以始终满足我们的需求。焦虑型人格者的内心极度缺少安全感，他们很难顺利完成接近、分离、重聚的过程，与他人的关系稍微出现一些变动就会焦虑不安，要么步步紧逼试图控制对方，要么试图切断与对方的关系，这种状态在亲密关系中被称为"焦虑型依恋"。

焦虑型依恋者对亲密关系的要求是理想化的，他们渴望伴侣始终跟随自己的节奏，永远满足自己的期待，顺从自己的心意；渴望与对方完全腻在一起，希望自己时刻被关注、被肯定、被欣赏。一旦发现伴侣不如想象中那么"完美"（对待自己的方式），一旦与对方稍稍分离，就会对伴侣、对这段感情产生怀疑，认为伴侣不爱自己，产生一种被抛弃感。

Y知道先生是和大学同学聚餐去了，可她无法控制自己内心的焦虑与担忧，她害怕男人会酒后乱性，那样自己就真的被抛弃了。为了消除这潜在的威胁，她只能不断打电话掌控先生的动态，催他赶紧回家，待在自己身边。然而，面对她的步步紧逼，先生感觉自己失去了独立的空间，忍不住想要逃离，认为Y不可理喻。先生的回应方式又进一步加重了Y的不安，在这样的状态中，失望和愤怒会逐渐占据上风，让她变得歇斯底里，无法有效地与对方进行沟通，表达出自己的真实需求。

想要消除焦虑，走向安全依恋，需要从内外两方面共同努力：一是培养自我关怀、自我肯定的能力；二是学会表达自己的真实感受，获取真正需要的东西。

在咨询师的帮助下，Y慢慢地认识到了自身的问题，并且学会了正确的应对方法。在感到焦虑和惧怕失去时，她试着理解自己的这种感受并提醒自己："是我内心的不安全感在提醒我，我需要好好关爱自己、相信自己。"同时，她也学会坦然地告诉先生："我不是想要控制你、怀疑你，我只是需要得到你的回应和支持，才能减缓我的焦虑。如果有哪里做得不太合适，也希望你告诉我。"

如果你的焦虑已经无法凭借自身力量克服，那么建议你寻求专业的帮助。心理咨询师会以更加专业的方式陪伴你去探索焦虑的起源，逐步修正内在的不合理信念，帮你重获安全感。

6 说不出原因，就是莫名其妙地紧张

表现6：广泛性焦虑

已经有很长时间了，辛迪总是紧张不安，心里就像揣着一只兔子。对她来说，每一天的生活都是煎熬，从早到晚都像是被什么东西挤压着，喘不过气来。

6:30——疲惫厌烦。

辛迪迷迷糊糊地睁开眼,觉得浑身酸痛,这一夜又没怎么睡。身体尚未离开床铺,紧张感就开始升腾。她清晰地感受到心脏的悸动、肌肉的僵硬,以及大脑非正常的兴奋。她叹了一口气,内心对自己充满了厌恶:为什么我不能像别人一样平静?我并没有奢望过得多开心,只要一份平静,怎么那么难?

7:30——着急忙慌。

辛迪每天通勤要乘坐40分钟地铁,路途并不算太远,9:00上班,8:00出门完全来得及。可是,她不敢等到8:00再出门,总是早早出门。即使如此,坐在地铁上的她仍旧心急如焚、焦躁不安,害怕地铁会突然发生故障。

这种担忧并不是现在才有的,从十几岁时开始,她就总是胡思乱想。爸爸以前是出租车司机,经常深夜才回家。辛迪总要听到父亲的车声,才能够踏实地睡去;如果他迟迟不回来,辛迪的心就会揪成一团,生怕爸爸会出车祸。

12:30——心烦意乱。

午休时间,两位女同事凑在一起聊天,偶尔窃窃私语。辛迪臆想同事的窃窃私语可能和自己有关,这让她心烦意乱,还有些愤怒。受到这件事的触动,她开始在脑海里回放自己从前做过的一些错事,印证自己一无是处。

16:30——胡思乱想。

到了这个时间点,辛迪已经没心力工作了,可她又得强迫自己继续下去。尽管如此,辛迪脑海里还是会冒出一些想法,让她忍不住感到恐慌:如果老板发现我工作状态不好,会不会把我辞掉?如果离开了这里,我还能找到工作吗?我该怎样养活自己?父母岁数大了,万一生病住院,我连帮他们一把的能力都没有……还有比我更糟糕的人吗?

18:00——噩梦循环。

总算到了下班的时间,冬日的夜幕已降临,辛迪回到住处。她见不得房间有一丝凌乱,那会让她更加焦虑,于是拖着疲累的身体,她开始做家务。也许是睡眠不足,也许是刚刚供暖,辛迪忽然流了鼻血,她猛然想起了电视剧《蓝色生死恋》里面的女主角患了白血病,流鼻血就是一个征兆。她忧心地坐到沙发上,想安慰自己好好休息,可是真的能好好休息吗?她害怕等待自己的又是一个难眠的夜和那些循环的噩梦。

焦虑是一种什么样的体验呢?电影《蒂凡尼的早餐》中有一段恰如其分的描述:"焦虑是一种折磨人的情绪,焦虑令你恐慌,令你不知所措,令你手心冒汗。有时候,连你自己都不知道焦虑从何而来,只是隐约觉得什么事都不顺心,到底是因为什么呢?却又说不出来。"

当我们感到焦虑时,往往会产生一些身心和行为的变化。

○ 思想层面:担心未来不知道会发生什么;对已经发生的事情感到自责。

○ 身体层面:心慌、头晕目眩、出汗、呼吸急促、胃部不适、肩颈酸痛等。

○ 情绪层面：几种情绪会交错出现，如愤怒、悲伤、厌恶等。

○ 行为层面：有重复性的行为或习惯；有回避或逃离的倾向；用暴饮暴食、抽烟喝酒等行为分散注意力；企图通过占上风保护自己，如威胁他人、表示愤怒等。

在现实生活中，多数人（包括焦虑型人格者）感受到的焦虑在正常范围内，属于焦虑情绪。然而，当焦虑发展到一定程度时，就可能会泛化，变成广泛性焦虑。

广泛性焦虑，是一种以持续、弥散性、无明确对象的紧张不安为特征的慢性焦虑障碍，伴有自主神经功能兴奋和过度警觉。广泛性焦虑者对几乎所有事情都感到焦虑，习惯性地将事情朝坏的方面想，认为生活中处处充满危机，哪怕这种想法与实际情况不符。

研究表明，约有 7% 的人会在一生中的某个阶段患上广泛性焦虑，它对女性的影响是男性的 2 倍。在因心理疾病就诊的人群中，广泛性焦虑者所占比例约为 25%，而在接受认知行为疗法干预后，约有 75% 的广泛性焦虑者产生了明显好转。

为什么会出现广泛性焦虑呢？通常来说，它受以下几方面因素的影响。

1. 环境变化

焦虑是人类在面对不确定事物时产生的本能反应，大脑认为不确定的事物就是威胁，因此促生了焦虑，让我们有足够的能量和动力去摆脱威胁。现代社会信息量骤增，环境变化迅速，我们面对的不确定和威胁越来越多，焦虑感必然也会增强，以便我们尽早评估风险，提前做好规避预防措施，更好地适应不断变化的状况。

2. 遗传因素

研究表明，广泛性焦虑有一定的遗传倾向，大约有38%的遗传概率。虽然易焦虑体质会遗传，但这并不意味着人们会长期处于焦虑中，我们仍然可以通过正确的方式，降低广泛性焦虑对日常生活的影响。

3. 早年经历

从精神分析角度来说，有些广泛性焦虑者总是处于紧张不安中，是为了对抗一种更深层、无意识的焦虑，这种焦虑与其早年经历的某些生活事件有关。正因如此，不少焦虑症患者都渴望进行精神分析治疗，他们希望在跟治疗师的沟通中，能够重新体验过去的情感经历，从而意识到焦虑的根源，真正地解决问题。

4. 突发事件

生活中的突发事件会诱发人们产生广泛性焦虑，如罹患重病、遭遇意外事故等。同时，不只是负面事件会让人产生焦虑，有些好事也会引发当事人的焦虑，如工作中被委以重任、生育子女等，都可能让当事人感到责任重大，由具有焦虑情绪演变成患有广泛性焦虑。

对多数的广泛性焦虑者来说，诱发其焦虑情绪的因素往往不是单一的，可能是多个因素的共同作用。无论是出于哪一种原因，通过恰当的治疗，都可以降低焦虑对自身生活的不利影响。

我们在后续的内容中会陆续介绍缓解焦虑的方法，这些方法对广泛性焦虑也有效。在此，简单提供两个即刻缓解焦虑的小方法，希望能给存在广泛性焦虑的朋友带来一些帮助。

方法 1：写下焦虑

在多数时间里，广泛性焦虑者焦虑的都是同一件事或相同的几件事。为此，不妨每天花费 15 分钟来思考令自己焦虑的问题，并将其写下来。经过几天之后，你就会发现自己焦虑的大都是同一件事，而在过去的这段时间里，自己忧虑的情况并未发生；即便真的发生了，结果也没有想象的那么可怕，自己完全没有必要担忧得寝食难安。

方法 2：质问想法

当你的脑子里冒出一些不切实际的想法，并开始为各种各样的事情担忧时，不妨向脑海中的这些想法提出疑问："我在担心什么？这件事是不是 100% 会发生？我为什么如此担忧？我能做点什么让自己不这么焦虑？有什么理由可以让我不必如此担忧？"梳理出这些问题的答案后，焦虑指数往往就会降低。

7 那种可怕的"濒死感"又来了

表现 7：惊恐发作

多年前，Z 先生经历了一场车祸，他的妻子和长子在车祸中遇难，只留他与次子相依为命。那场意外发生后，Z 先生对次子格外关注，在给予次子全部关爱的同时，也给了他加倍的约束。次子年纪尚小时，很听父亲的话，随着年龄的增长，他开始有了自己的想法，不愿意什么事都听从父亲的安排。次子想出国留学，Z 先生不同意，父子俩的关系因此闹得很僵。

Z 先生有他的理由："我天天都在担心他，为什么非要跑到国外去？万一在那里出了什么事情怎么办？他对得起我吗？"次子不听他的这番道理，和他闹起了冷战，搬到外面生活。自那以后，Z 先生的身体就开始出现一系列不适的症状——出汗、发抖、恶心、心跳加速、产生濒死感。他去医院做了各项检查，结果显示他并没有罹患任何疾病。

备受折磨的Z先生，在朋友的建议下，开始接受心理咨询。

咨询师对Z先生的情况进行了详细了解和询问，并进行了家庭格盘的技术分析，Z先生真正的问题终于浮出水面：妻子和大儿子车祸离世后，Z先生与次子相依为命。如果次子出国了，就只剩下Z先生一个人在国内孤独地生活。特别是看到留学生在国外出意外的新闻之后，他的担忧和焦虑更严重了，结果导致了惊恐发作！不明原因的躯体症状又进一步加重了Z先生的担忧，他怕万一自己得了绝症，就再也没人照顾自己的次子了。

在咨询师的帮助下，Z先生意识到了自己真正的心结。在现实层面，他也跟次子进行了真诚的沟通，两个人之间的关系得以缓和。渐渐地，他的惊恐障碍也好转了。

尤利乌斯·恺撒说："看不见的东西，比看得见的东西更容易扰乱人心。"

惊恐障碍是急性焦虑症的一种表现形式，发作时，当事人会心跳加速、胸口憋闷、喉咙有堵塞感、呼吸困难，并产生强烈的惊恐感和濒死感。

惊恐引发的过度呼吸会导致呼吸性碱中毒，继而引发四肢麻木、腹部坠胀等，这些症状会加重当事人的恐惧，导致其精神崩溃。一次惊恐发作通常会持续5~20分钟，在发作过后或进行适当治疗后，症状会有所缓解或消失。

需要说明的是,出现上述的症状并不一定就是惊恐发作,也可能是生理原因所致。所以,出现症状后要先到医院进行检查,排除身体疾病,以及饮酒、滥用药物等因素的影响。在排除了这些因素的影响之后,仍存在类似症状,就有可能是惊恐发作。

惊恐发作是很突然的,没有特殊的原因和情境,且发作无固定规律,往往令人猝不及防。虽然发作的持续时间不长,可当事人对这种强烈的身心体验印象极深,在症状缓解之后(大约1小时可自行缓解),他们内心依然会对此感到恐惧和不安,稍有不适和变化,就会催生出万分的担忧,从而加重焦虑。

在惊恐发作的间歇期,有60%的当事人会因为担心惊恐发作时无法得到及时的救助,而不愿意去人多的公共场所,或是不愿意独自出门。所以说,让惊恐发作者感到焦虑的,不仅是惊恐发作时的濒死感,还有不知道什么时候会发作的担忧。

惊恐发作源于内心深处的恐惧。遇到一些特殊情况时(如飞机遇到气流、目睹灾难性事件),我们可能会产生强烈的失控感和无力感,如果无法调整好自己的状态,就可能被吓坏,从而导致惊恐发作。

这也提示我们,引发惊恐的人和事,也能终结惊恐。这里有几条建议,可以给惊恐发作者带来一些帮助。

1. 正确地认识惊恐

许多人经历惊恐发作时，会感觉自己陷入绝境、濒临死亡，但实际情况并不是这样的。惊恐犹如心中的魔鬼，你越怕它，它越猖獗；你不怕它，它对你的影响就没那么大。所以，要正确认识惊恐，提醒自己："惊恐发作并没有那么可怕，只是不太舒服而已。"放下过度担忧，往往是减少惊恐发作的开始。

2. 循序渐进地克服惊恐

克服惊恐不能着急，要循序渐进。假设你不敢独自开车上路，就先在朋友或家人的陪同下开车；当你克服了对开车这件事本身的恐惧后，再尝试独自开车一小段距离，让朋友在终点等你；接下来，尝试长距离独自驾驶，直到你觉得这件事并不难时，就克服了惊恐。

3. 主动出击应对惊恐

惊恐发作通常是突然袭击，令人措手不及。如果总是想着逃避，希望它永远不再找上自己，就会陷入被动之中。要克服惊恐，还是需要主动出击，积极地寻求帮助，了解和看到自己内心深处真正的恐惧和担忧，以正常的思维去分析问题，而不是过度关注事物不好的方面，从而减少焦虑和恐惧，降低惊恐发作的概率。

8　我只想快点儿离开这里

表现 8：社交焦虑

前两年热播的家庭悬疑剧《消失的孩子》中，袁午这个角色给人留下了深刻的印象，他被网友们戏谑地称为"顶级废柴"。一个成绩优异的高才生，高考数学可以得满分，在现实生活中却无法与人正常沟通。当父母去世后，他陷入了自理能力丧失、生活混乱、社交恐惧的困境，甚至还走上了歧途。

袁午出生在一个温馨的家庭，父母关系融洽，对他疼爱有加。但也正是父母的过度保护，剥夺了他的独立能力，导致他在面对生活的挑战时不知所措，最终陷入社交恐惧的沼泽：他走路时畏畏缩缩，面无表情；他不敢直视他人，畏惧与人说话，连买菜都只找固定的人，每天买固定的食材；他没有办法工作，一上班就"肚子疼"，眼睛"看不清楚"，严重的时候还会"头疼"。

这个令多少父母羡慕过的"别人家的孩子"，在大学毕业后成了社会意义上的失败者。袁午的悲剧是父母过度保护的结果，也是社会现象的真实写照，值得反思。

社交恐惧症是一种疾病，是自我认知和社会认同之间的矛盾，表现为过分地、不合理地惧怕与人交流，且极力想以各种方式回避社交，拥有无法自控、无差别触发等特点；同时生理上也会出现发抖、心跳加速、喘不过气、犯恶心等反应。

现实生活中，不少人在人际交往方面存在困难，特别是焦虑型人格者，在与人相处时经常会感到紧张不安、不知所措，严重时还会语无伦次。对此，他们常常自称或被他人称作"社恐"。实际上，这有点"贴标签"和戏谑的味道了，不是所有存在社交困扰的人都有社交恐惧症，他们可能仅仅是容易社交焦虑，两者有很大的区别。

社交焦虑，是指与人交往时感觉到不舒服、不自然、紧张甚至恐惧的情绪体验。每个年龄段的人都会有这种情绪，不存在明显的性别差异。

美国心理学会的《精神障碍诊断与统计手册》（DSM-5）中列出的社交焦虑障碍的诊断标准主要有以下几条。

（1）在面对陌生人或潜在的观察者时，对一种或多种社交行为产生明显且持续的恐惧感。

A总是担心自己会做出一些被他人嘲笑，或是让自己陷入尴尬境地的行为。实际上，A通常并不会真的做出那样的事情，但只要一想到这样的事情可能会发生，并且脑补出那些尴尬的场面，A就会感到惶恐不安。

（2）处在令自己恐惧的社交场合中，会无法避免地产生恐惧感。

B很害怕当众发言，起初他不理解自己的行为，后来才知道这是社交焦虑的一种表现。对不同的人而言，触发社交焦虑的导火索是不一样的：有人害怕进入人多的房间，有人害怕与人长时间交谈，还有人畏惧与他人一起吃饭……无论恐惧的是哪一种情况，在社交焦虑者看来，那都是一项艰难的、无法完成的事情。

（3）尽力回避可能会让自己感到恐惧的社交场合，或在这些场合中忍受煎熬。

C畏惧人多的地方，待在这些地方他会觉得很难受，会忍不住去想别人如何看待自己。可是，他内心仍然渴望工作、交友，渴望获得归属感，不想被孤立。所以，他总是在社交场合中忍受着恐惧和煎熬，或是采取一些降低潜在风险的行为，让自己感到安全。

人有自我保护的本能，回避令人感到恐惧的社交场合也是一种必然。不要因为在人际交往中碰上一些烦恼和问题，就随意地给自己贴上"社恐""人格障碍"等标签，这会加重焦虑。实际上，社交焦虑就是一种情绪，且是一种可控、可调节的情绪，唯有正确地认识它，才能恰当地应对它。

PART 2

为什么我比别人更容易焦虑
——焦虑背后的心理困境

1. 从前怕被母亲训斥，现在怕被领导喊话

心理困境 1：强迫性重复

每个人都是造物主精雕细琢出来的独特个体，其人生经历也是一幅幅独特的画卷。即便两个人的经历相似，遇到的问题类同，每个人的心理感受也是不一样的。比如，在同样的压力事件面前，不同的人体验到的焦虑感是不一样的：有些人可以从容应对，吃得饱、睡得着，生活几乎不受影响；有些人忧心忡忡，翻来覆去地琢磨，紧张得睡不着觉，身体也会出现不适的症状……到底是什么造成了人们面对压力时的不同心理感受呢？

当外部因素不存在差别时，人的心理感受和焦虑程度往往都与其人格特质有关。独特的个性与独特的经历，会让个体对某些事情产生特定的反应模式。

焦虑型人格者情感细腻、内心敏感，说话做事总是有很多顾虑，常常纠结于"对不对"和"该不该"，很在意别人的评价，不太敢表达自己的真实感受，活得小心翼翼。心理学家指出，焦虑型人格的形成与原生家庭和个人成长经历密不可分，如果童年与父母分离，或父母有酗酒、精神疾病、暴

力倾向等问题,孩子都会感受到极大的恐惧感和不安全感,他们会担心无人照顾自己,无人保护自己,这种原始的恐惧心理可能就是焦虑型人格形成的根源。

你可能也听过这句话:"幸运的人一生都被童年治愈,不幸的人一生都在治愈童年。"其实,这句话说得也不无道理,它反映出的是心理学中的"强迫性重复"现象。

强迫性重复,意指个体会不知不觉地在人际关系,尤其是亲密关系当中,不断重复童年时期印象最深刻的创伤,或是创伤发生时的情境。

L女士在讲述自己和妈妈的关系时,声音一度哽咽:

"在我的印象中,我没有和妈妈开过玩笑,甚至连拥抱也没有过。小时候,每次我想靠近妈妈时,她总是把我推开,说女孩子不要做出这样的行为。当时,我还没有对错的概念,就认为妈妈说的话肯定是对的。妈妈对我要求特别严格,考高分、得第一似乎都是我应该做的,她从来没有表扬过我,但凡有一次成绩考得不理想、一件事做得不够好,她都会批评我、指责我,让我写'反思日记'。"

之后,L女士又说起她现在遇到的困扰:

"我已经工作一年多了,可以说,自从踏进职场以后,我每天都过得特别辛苦,有时焦虑得吃不下饭、睡不好觉。我怕自己不能做好领导安排的工作,怕被人指责工作能力不足,更害怕看见领导发来这样的消息——'你过来一下''下班后到我办公室来'。这类消息会让我坐立不安,心跳得很快,连呼吸都变得困难。只有当谈话结束后，这种紧张感才能慢慢消退。

"起初，我以为只是自己刚参加工作不适应，慢慢就会好起来。现在已经过了一年多，情况却没有发生任何改变，领导交付给我的工作任务越来越多，我的焦虑也比过去更频繁、更严重了。"

原生家庭造成的影响或伤害，绝大多数并不是父母有意为之的，有些事情他们也尽了全力，却仍然无法避免。许多父母不晓得该怎样用行动表达对孩子的爱，或是在无意中用了错误的方式，结果给孩子造成了伤害。

对于早年的心理创伤，除非遭遇重大事件迫使个体改变，通常情况下没有人会主动去修复它们。人格的改变基本都是在现实压力下被动发生的，或是主动寻求心理治疗而发生的。

通常来说，个体会不断重复创伤性的事件或境遇，包括不断重新制造类似的事件，或反复将自己置身于"类似的创伤极有可能重新发生"的处境里。如果不再将自己置于重现创伤的活动中，个体就会产生一种模糊的恐惧、空虚、无聊和焦虑感。

一个曾经被抛弃过的人，只要在新的关系中稍微感受到一丝"对方可能要抛弃我"的信号，就会做出激烈的行为反应，比如主动切断和对方的联系，又很快寻求联系，不断询问和确认对方的态度。这样的行为，极有可能会让另一半感觉当事人是无理取闹、情绪化的，从而产生厌烦和疲惫，最终真的离开。这样的结果又会加深当事人的创伤,使其今后更加敏感。

世界知名心理创伤治疗大师巴塞尔·范德考克将这种现象称为"对创伤的成瘾"。

法国著名心理学家皮埃尔·雅内指出,那些经历了创伤的个体,仿佛人格发展在某一个时刻停了下来,而且不再能够吸收新的元素以扩展自己的人格。那些经历了创伤的个体,无法通过健康的生活、健康的伴侣来满足自己激烈的情绪需要,只有当创伤再次发生,再次体验到熟悉的痛苦时,他们才会觉得"回到了正常的生活中"。

重建内心1:构建安全的依恋关系

从哲学层面来说,人不可能两次踏入同一条河流;但从心理学层面来说,人最容易在同一个地方跌倒,可能是两次,甚至是多次。正如弗洛伊德所说:"如果没有整合或消化好创伤,那些被压抑下去的东西注定会变成当下的经历被重复出来。"

当一个2岁的孩子看到妈妈离开时,从婴儿床上扔下了自己最喜欢的玩具,他似乎感觉很失落,但很快又跌跌撞撞地把玩具捡了回来。一段时间后,他又扔掉玩具,再将其捡回,并重复多次,像是在玩一个游戏。

这一现象引发了弗洛伊德的思考:游戏遵循的是快乐原

则,但"扔玩具和捡玩具"似乎与快乐没什么关系。既然不好玩,为什么孩子还要一再重复呢?

弗洛伊德分析之后,给出了这样的解释:这是一个关于"掌控"的游戏。对孩子来说,他无法掌控母亲离开的行为,只能通过扔玩具和捡玩具的过程,模仿母亲离开和回来的过程。在这个过程中,玩具是可以被孩子掌控的。

在心理治疗中,弗洛伊德也发现了类似的现象:来访者经常会在梦中或现实中不断重复痛苦的经历,这与孩子重复"扔玩具和捡玩具"的游戏一样,是一种渴望"掌控"过去创伤的表现,是一种想要"改变历史"的努力。

对任何人来说,改变强迫性重复的循环都是一项艰难的挑战,也是一个漫长的过程。创伤治疗大师巴塞尔·范德考克经过多年的研究,针对强迫性重复提出了几条治疗建议。

1. 克服否认,找到源头的创伤

巴塞尔认为,强迫性重复有类似成瘾的特质,即个体难以摆脱让自己感到痛苦的人和事。这是因为潜意识对于最初痛苦感受的否认与回避,导致了无意识行为的重复;如果我们没用语言的方式承认它们,它们就会从行为中渗透出来。

要摆脱强迫性重复行为,最重要的是克服否认,体会自己所经历的创伤,描述自己当时的感受。这样的做法,相当于把创伤定位在某一个特定的时间和地点,而非此时此刻,从而让当事人把此刻的压力和过去的创伤区分开来。

L女士看到领导发来的"下班后到我办公室来"的消息时,会感受到一阵强烈的不安。此时,她可以告诉自己:"这种焦虑不安并不是来自此时此刻,而是来自我小时候的那些经历。"这样的话,L女士就可以意识到,自己应当针对当下的情境来做出行为反应,而不是像孩提时代那样因为考试成绩不好而担心遭到指责。

描述和谈论当时的创伤事件,是治疗强迫性重复不可或缺的一个环节,但在揭开过去的创伤之前,还要确保个体目前的心理状态相对稳定,切不可贸然让对方谈论过去,否则可能会导致二次创伤。

2. 重建安全的依恋关系

哈佛医学院教授朱迪思·赫尔曼曾经询问那些曾有自残行为而后康复的人,是什么最大程度帮助他们克服了过去创伤的影响以及自伤行为。所有人都将自身的改变归因于"安全的咨询关系",声称那段咨询关系提高了他们的安全感,帮助他们降低了各种强迫性重复行为的发生概率。

提出依恋理论的心理学家鲍尔比认为,个体在出生后会与抚育者(通常是父母)建立一种依恋关系,当抚育者给予个体无条件的爱时,个体就会产生安全依恋;当个体与抚育者的关系不确定时,个体就会产生焦虑型依恋,或回避型依恋。

巴塞尔·范德考克指出,强迫性重复的病因和治疗,都与个体在人际关系中感受到的依恋的安全程度有关。安全的依恋包含掌控感和确定感，即相信这个人不会离开自己，这段关系是可控的。缺少安全感，个体就会怀疑对方会离开自己、抛弃自己。经历过不安全依恋的人，很容易过度敏感和紧张，用自己在最初创伤事件中习得的行为方式来应对当下的处境。不幸的是，这样的做法很多时候又复刻了当初的结果。

要修复过去的创伤，个体需要和另外一个人或另一些人建立安全的关系，重新"长大"一次，重塑内在的信念。这个稳定的客体，可以是情绪稳定、人格健全的朋友或伴侣，也可以是专业的心理咨询师，重要的是其能够为个体提供必要的安全感，让焦虑型人格者敢于探索自己的生命经历，打破内心的自我隔绝或社交隔绝，用全新的经验去应对人际问题。

世上不存在完美的原生家庭，每个人都不可避免地受到原生家庭的影响。原生家庭对人格的负面影响，或许可以被称为原罪，但它不是主宰命运的根本。否则，心理治疗就丧失了意义，个人成长也无从谈起了。我们都有能力在当下找到更健康、更有益、更有力量的经验，去替代强迫性重复，也有能力重新谱写出不一样的人生故事。

2 我也想放松一点，可我做不到

心理困境2：必须强迫症

小乔步入职场已有十余年，她的工作能力很强，而且非常自律。她几乎没有迟到过，请假的次数也很少，即使身体有些不适，也会坚持上班。

当她成为部门主管以后，她的责任感比之前更重了，处理问题也更加谨慎，很多时候会给人一种不近人情的感觉。有一次，某女同事怀孕期间身体不适，提出休假的请求，她要求对方必须明确休假天数，尽管对方解释说"真的需要看身体的状况，我暂时无法确定……"。

小乔是公司里干活最卖力的，却也是人缘最差的，经常有同事说她小题大做、太较真。有时领导也提醒她，处理问题要灵活一点。其实，小乔也觉察到了自己的问题，可她就像是被什么力量操控着一样，没办法放松那根紧绷的弦，不管在公司还是在家，她都像是上了发条一样，被焦虑催促着往前走。

小乔说："我不知道该怎么调节自己的情绪。节假日的时候不用上班，可我仍然没办法放松。我似乎接受不了自己

'浪费时间'，每天都要追问自己，是不是对时间进行了充分的利用。我总觉得必须有事情做，不管是做家务、读书还是运动，就是不能让自己闲着，必须做事才觉得没有浪费生命。说实话，这样的安排也没有带给我多少收获，至多就是图一个心安，不让自己被焦虑侵扰。"

针对这些问题，小乔也做过一些努力："当我觉得紧张不安时，我也试着告诉自己，别对自己太苛刻了，享受生活、偷一点懒没关系的。可是，这种自我安慰太苍白了，很快我就会为自己的无所事事而焦虑。这样的状态让我很痛苦，而我又会不自觉地用这些标准要求别人，以至于把人际关系搞得一塌糊涂。"

小乔的铁面无私、刻板僵化，以及内心的焦虑情绪，都与她为生活设定了太多的"必须"有关。殊不知，绝对必须的要求或命令（即无条件应该、义务和必须）是一种不合理的信念，也是诱发焦虑的重要因素。

生活充满了变化与不确定性，以"绝对"或"必须"来要求自己或他人，往往会让人感到焦虑，因为它是一种硬性要求，缺乏弹性，只允许事物存在一种可能性。

当周围人提醒小乔放松一点、别太较真的时候，小乔也知道自己存在这些问题。她不仅知道，而且会努力尝试让自己不那么严苛，可她做不到。倒不是因为这些事情本身有多难，而是她一贯的心理模式犹如隐形的牢笼，将她困在其中，无法逃脱。

小乔出生在一个军人家庭，父亲是高级军官，性格强势且十分固执，家中的所有事务都由他做主。虽然小乔是一个女孩，但父亲并未骄纵与宠爱她，而是像带兵一样要求小乔：房间必须整洁，被褥要叠得方方正正；自己的事情自己做，不要依赖任何人；不许偷懒、不许说谎、不许撒娇、不许耍小聪明。一旦小乔有哪里做得不好，就会遭到父亲的斥责。在被训斥的过程中，父亲从不给小乔解释的机会，所有的说辞都被视为借口。

生理期的时候，小乔会感觉腰酸背痛，不想上学。母亲心疼她，答应让她请假休息一天，可父亲却指责她娇气，让她坚持去上学。严厉又强势的父亲让小乔既害怕又痛苦，她几乎就是在日复一日的担惊受怕中长大的。

小乔曾经以为，长大以后离开家、离开父亲，一切就会好起来。可她没有想到，父亲对她的严苛要求，已经内化成了她的"标尺"，即使没有父亲在身边，她仍然会用这把"标尺"去要求自己和身边的人。

小乔的成长经历揭开了她的焦虑之谜：生活在一个控制型的家庭中，她从小接受着父亲高标准、严要求的教育，一切都以父亲的意愿为主，自己的意愿、喜好和心理需求始终都在被忽略、被否认。久而久之，她习惯了这种控制，即使长大成人可以独立，她仍然会出于惯性继续屈从于过去的那种控制模式。

很多焦虑型人格者早年都有一个控制欲较强的养育者，

这种控制欲有时表现为严厉、凶狠，有时表现为温柔、呵护备至，无论使用的是哪一种形式，养育者的目的都是让被养育者顺从自己的意愿。被控制型养育者影响的人，常常会在生活中顾虑重重、纠结内耗，明明知道或想要怎么做，却不敢或无法这么做；无意识地用自己经历过的控制模式去控制伴侣、孩子或他人。

重建内心 2：拿回人生的主动权

现在，请你如实思考并回答几个问题。

○ 在成长的过程中，你是否有过长期与控制型养育者生活在一起的经历？

○ 你想起了哪些与之相关的创伤事件？

○ 这些创伤事件对你造成了怎样的影响？

○ 你现在仍旧生活在那样的环境中吗？

如果你现在依旧没有脱离原生家庭，仍然和控制型养育者生活在一起，我完全可以理解你的处境和感受。面对这样的情况，你需要努力做好以下两件事。

第一件事：坚信自我价值，关注能够给你带来成功体验的事情，别因为对方的贬低和羞辱而相信自己真有那么糟糕。

第二件事：当对方试图让你顺从或承担责任时，你要持续关注他们对你的伤害，要求他们做出行为上的修正，让他们明确他们应当承担的责任。你要把自己从劣势地位中解救出来，让他们知道，你在争取权利平衡。

以上两点是与控制型人相处的建议，想要从根本上解除心理困境，摆脱"我必须"的控制，还需要回到事情发生的时刻，体会自己当时的感受，修复内在的创伤。知名心理咨询师唐婧结合多年的咨询经验，在《焦虑星人出逃指南》中介绍过一个创伤修复练习，个人认为很有指导意义。

现在，我们以小乔为例，详细地了解一下具体的练习步骤。

1. 回顾创伤：当时发生了什么

小乔：我生理期身体不适，想在家里休息，被父亲指责为娇气，强制要求我到校上课。当时我只有十几岁，没有能力反抗父亲，觉得很恐惧、很无助。

2. 建立连接：现在的你想对当时的自己说什么

小乔：我现在已经不再是那个小女孩了，我长大了。如果让我回到当时，我会对当时弱小无助的自己说："你身体不舒服，想要好好休息，这没有错。他不能理解女性生理期的痛苦，还把你当成士兵一样对待，但你不是士兵，你就是一个小女孩，你不舒服就应该得到照顾，这不该被指责。无论现在还是以后，你都有权利、有义务关照自己的身体，这是你对自己的关爱，你也值得被善待。"

3. 敞开心扉：与信任的人分享经历，获得情感支持

小乔的朋友："看到你身体不适，他完全忽视了你的感受，还对你提出严苛的要求，的确是很过分，也让人感觉很受伤。"

4. 重新体验：尝试去做那些从前不被允许的事情

小乔：我总是被父亲要求坚持带病上课，周末不能懈怠，要读书、写字、晨练。其实，我真的很累。现在，我想顾及自己的感受，正视自己的需要，在感觉身体不适时，主动请假休息；在周末的时候，安心睡到自然醒，不把被子叠得整齐，允许房间有点乱……

现在，你也可以按照这种方式，尝试处理内心的创伤。

你经历过的创伤事件是什么？回想一下当时的情景。

_____

_____

现在你已长大，你想对当时那个弱小的自己说什么？

_____

_____

和信任的亲友分享经历和感受，你获得了怎样的支持？

_____

_____

打破从前的"禁令"，遵从自我意愿，你感觉怎么样？

_____

_____

_____

3 我觉得自己很差劲，什么都做不好

心理困境 3：自我贬低

雪莉是一家公司的秘书，上传下达是她的工作职责之一，可是每一次当众发言，她都特别紧张。她总要反复检查自己的发言稿，一字一词地斟酌，生怕有疏漏和不妥。发言结束后，她又会反复回忆发言的过程，每次回顾都会发现"问题"，令她觉得自己做得不够好。

作为总经理秘书，她每天要回复许多封邮件。每发送一

封邮件,她都要反复检查,通常的流程是核实三次,确认没有问题之后再发送。可即便如此,发出去之后,她还是会感到不安,还时常懊恼自责,觉得有些地方不够周密。

在人际关系方面,雪莉也是小心翼翼的。她很在意别人对自己的看法,说话之前要在脑子里重复两三遍,生怕说错话。她不太敢表达自己的观点,总担心自己的想法不够新奇、不够好,被人嘲笑和轻视。

在亲密关系中,她全身心地依赖着爱人。当她对这一切越来越习惯时,却意外发现丈夫和公司的一位女同事走得很近,关系有些暧昧。雪莉不敢揭穿,忍受着被冷落的痛苦,她很害怕丈夫会提出离婚,因此每天都焦虑难安。

心思细腻的闺蜜看出了雪莉的情绪有些异常,提议雪莉去接受心理咨询。在咨询师的鼓励下,雪莉说出了自己的心里话:"我觉得自己很差劲,什么都做不好,连丈夫的心都留不住……"她甚至认为,如果自己能够像丈夫的暧昧对象那样优秀、能干,丈夫就不会喜欢别人了。其实,雪莉的样貌和能力也很出众,而她和丈夫之间的关系早就存在问题。但她没有离婚的打算,她说:"我觉得自己一无是处,不敢面对失去他的生活。我很焦虑,很害怕,可我不知道自己能做什么。"

通过雪莉的行为表现不难看出,她是一个典型的焦虑型人格者,也是一个低自尊的人。

心理学研究显示,一个人的自尊形成依赖于三种途径:

自我评价、他人评价和社会比较。

个体在成长过程中受到的他人评价与感受到的社会比较会直接影响自我评价,尤其是低自尊者,他们对自我的认识几乎完全建立在别人的看法上。因为过于在意他人的评价,当他们准备作一项重要的决定时,脑海里最先闪现的想法就是"别人会怎么看我"。他们把大部分精力用在了察言观色上,有时别人不经意的一个眼神、一句沮丧的话,就可能让他们觉得是自己做得不好,继而陷入焦虑之中。

为什么雪莉会形成这样的人格特质呢?在心理层面困住她的东西到底是什么?

雪莉出生在南方的一座小城,父亲早年外出打工,后来腿受伤了,只能被迫待在家中。他因此情绪低落,经常在家里发脾气,加之本身也有重男轻女的思想,动不动就骂雪莉,说她是家里的"寄生虫",还说都是为了供她上学,自己才去外面打工,腿受伤也是她害的。

父亲的指责声充斥在家里的每一个角落,雪莉每天放学后都要整理房间、做饭,有时回来晚了,也会被父亲骂,话里话外都透着让她主动退学的意味。那时候的雪莉,也是摸索着学做饭,偶尔做得不太好吃,父亲就骂她"败家""没用"。

在指责中长大的雪莉,内心很自卑,觉得自己笨手笨脚,什么也做不好。所以,不管说话还是做事,她都小心翼翼,很害怕因为做错事,再度遭人指责。

雪莉从小被父亲贬低，内心处于自卑状态，感受不到自我的价值。成年后，她虽然摆脱了原生家庭环境，但无法摆脱习惯性的自我贬低。当这种心理发作时，思维就开启了抑制自尊的模式，致使她的脑子里冒出一堆质疑自己的想法，使她在与人相处时变得过度胆怯，对他人的评价十分敏感，经常无中生有地怀疑别人讨厌自己，继而陷入焦虑之中。

长期生活在被指责的环境中，个体很容易产生自我怀疑和否定，倾向于选择性地关注自己的缺点和不足。为了获得外界的认可，有些人会发展出"向内指责，向外讨好"的特质；还有些人则会沿袭指责的模式，对外界的人和事习惯性地挑剔、指责，其目的也是博取关注，用贬损他人的方式反衬自我价值。

习惯向内指责的个体，因为长期自我压抑，内心的焦虑程度更高；向外指责的个体，人际关系较差，但因为负面情绪和压力得到了释放，焦虑程度低一些。在指责型家庭中长大的个体，这两种模式可能会单独出现，也可能会交替出现。当个体内心力量较强的时候，倾向于向外指责；当内心力量不足的时候，倾向于向内指责。

重建内心3：提升内在的力量感

养育者的否定、贬低与指责是一股强大而猛烈的攻击性力量，一个弱小无助的孩子没有任何能力去反抗和还击，只能默默忍受。然而，表面平静不代表内心毫无波澜，能量守恒定律告诉我们：能量不会凭空产生，也不会凭空消失，只会从一种形式转化为另一种形式，或是从一个物体转移到其他物体。

当我们受到他人的言语攻击时，内心必然会涌起愤怒。愤怒是一股强大的能量，如果个体能够顺利表达出自己的不满，将这股能量合理地释放出去，就可以维持内心的平衡。相反，当这些愤怒无法宣泄，硬生生地被压在心里时，这股能量往往就会指向自己——认同养育者的立场和观点，像他们一样指责自己、贬低自己，陷入心理困境。

怎样才能恢复心理能量的平衡，减少自我攻击呢？

1. 允许自己表达愤怒，做出必要的"还击"

从心理学角度来说，在遭受外界的"攻击"时，合理"还击"可以保持内心的平衡状态。当这份"还击"成功捍卫了你的生命、权利、尊严和个人边界时，内心的力量感就会逐渐滋生，让你减少自我怀疑和自我否定。

美国畅销书作家黛比·福特说过："我们都需要体验憎恨的感觉，只有理解了恨，才能理解爱。只有当我们刻意压抑心中的恨意时，它才会对我们自己和别人造成伤害。"即使"攻击"你的人是父母，你也有权利作出必要的反抗，这并不意味着背叛或不孝，它仅仅意味着你在正视自己的感受，你在认真对待眼前发生的让你感到愤怒的事。

2. 把他人的评价与自我价值区分开

作家三毛说:"我们不肯探索自己本身的价值,我们过分看重他人在自己生命里的参与,过分在意别人的评价。于是,孤独不再美好,失去了他人,我们惶恐不安。"他人的评价有时可以帮助我们认识自己,但这并不代表他人的评价都是正确的,如果把那些否定自己、怀疑自己的话视为真理,就等于做了他人的傀儡。

面对复杂、多样化的评价,甚至是人身攻击时,千万不要全盘接受。他人的评价,是对方以他的立场、他的经验提出的对你所做之事的看法,不代表客观事实,更不代表你的自我价值。

3. 停止负面的自我评价,客观地描述事实

自卑的人一旦受到外界负面事件的刺激,如被批评、被拒绝、事情没做好等,就会自我贬低。这是应对刺激的本能反应,但很容易诱发焦虑,进一步降低自尊水平,得不偿失。遇到这样的情况时,你不妨换一种方式来处理——停止用负面的字眼评价自己,客观地描述事情本身或自身的行为表现、特质、思想和情感。

当上司反馈说你的方案没有被客户采纳时,你可能会萌生这样的想法:"肯定是我做得不好""上司一定觉得我能力

不行"。现在,你要主动喊"停"并提醒自己:"这些只是我的想法,不一定是事实!"接下来,把注意力拉回到工作上,客观地去评价你的方案。

○ 这个方案符合客户的需求吗?

○ 有没有考虑不周的地方呢?

○ 方案中有哪些闪光点?

○ 重新制作方案,有哪些地方可作为参照?

思考到这里时,你往往就会发现:即使方案未被客户采纳,也不代表你做得不好,更不代表你能力不行,还可能是其他因素所致。在描述事实的过程中,你也找出了方案中的闪光点,这本身也是一种自我肯定。

4. 用提问的方式,验证不合理的想法

焦虑型人格者常常会因为各种错误、失败责备自己,脑海里不断地播放那些不愉快的片段,看见的全是自己的缺点。这样的做法,无疑会加重自我否定。真正有效的办法是,当脑海里冒出一些否定自己的念头,如"我太胖了,不会被人喜欢"时,用提问的方式去验证一下,自己的这些想法是否合理。

问题1:事实是这样的吗?

(反思:为什么有些胖女孩也很讨人喜欢?)

问题2:这个结论成立吗?

(反思:胖意味着一无是处吗?)

问题3：这样想有用吗？

（反思：嫌自己胖，可以改变什么？）

如果能够诚实地回答这些问题，就可以从僵化的思考中抽离出来，让思维变得开阔，更加理性地看待问题、看待自己。其实，摆脱自我否定和怀疑，其本质就是摆脱早年建立的信念，当你停止用旧的思维去思考自己的人生时，你就走向了成熟与自信。

4 分离让我焦虑，最好一直陪着我

心理困境4：分离焦虑

L小姐是一个特别"黏人"的女孩，她似乎没有勇气和能力去应对孤独。在公司里，她几乎每天都要和同事一起吃饭，连去茶水间也想有人陪着；下班回家后，她要么在微信上跟闺蜜互动，要么给闺蜜打电话聊天，或是干脆约对方吃晚饭。

恋爱之后，L小姐的"黏人"表现得更加明显。男友比她大7岁，性格沉稳，对她也很宠爱。和这样的恋人在一起时，L小姐很有安全感，也觉得很幸福。可是，另一方面她又总是忍不住担忧，害怕对方离开自己，为了消除这份焦虑，她恨不得时刻黏着对方。

白天上班时，不管有没有要紧的事，她都会给男友发消息。如果对方回复的内容比较短，她会感觉很失落，怀疑对方是嫌自己烦、敷衍自己。如果对方迟迟未回复，她就会不停地打电话，或是发消息生气地指责对方。L小姐说，其实她也不想这样，但是内心的那份不安总是怂恿她这么做，无法自控。

焦虑型人格的一个典型特征，就是在亲密关系中有强烈的不安全感。他们总希望另一半陪在自己身边，发消息必须秒回，稍有延误或未回复，就忍不住胡思乱想，甚至会气急败坏。从表面上看，似乎是对方的不回应让他们产生了担心和焦虑，但这是问题的根源吗？事实并非如此。

L小姐生活在一个单亲家庭，母亲很早就去世了，只留她和父亲相依为命。

父亲要赚钱养家，不能每天悉心照顾L小姐，只能将她送到寄宿学校。从小学到高中，L小姐都是在寄宿学校度过的。父亲性格有些木讷，不善言谈，虽然每个月给L小姐的生活费不少，但是父女之间的情感沟通几乎是一片空白。

周围的同学和老师知道L小姐的家庭情况，对她都很照顾，这也让L小姐逐渐对同学和老师产生了情感依赖。上大学之后，L小姐谈过两次恋爱，每次恋爱她都全情投入，好像全世界只有那个他,而她也只要有他就够了。一旦对方"冷落"自己,她就会变得歇斯底里。

美国临床心理学家乔尼丝·韦布博士认为,童年期情感忽视是一种由父母没有给予孩子足够的情感回应所造成的创伤。

情感忽视的表现形式比较隐秘,一种是童年期与父母分离,无法得到抚养者的照拂与关爱,L小姐就属于这种情况;另一种是虽未与父母分离,但在原生家庭中遭遇父母的情感忽视,如父母对孩子期望过高,不关注子女的真实感受,孩子发出的所有信号(喜怒哀乐)都如同石沉大海,得不到父母的回应与反馈。对孩子而言,无回应之地便是绝境。

由于在成长过程中没有得到足够的情感支持与滋养,个体会极度缺乏安全感和控制感,成年后会在关系中出现明显的分离焦虑,害怕孤独,强烈渴望有人陪伴。在和异性交往时,他们通常很难拒绝追求者,无法忍受失去别人的爱。在亲密关系中,他们总是处于患得患失、忐忑不安的状态,表现出明显的控制欲和占有欲,因为他们潜意识里不相信自己真的可以拥有爱,即使得到了爱也会担心失去。

亲密关系是一面镜子,可以让人照见真实的自己,同时也会折射出个体内心最不想面对的部分,比如害怕分离、害怕独处、害怕被抛弃、害怕自己不值得被爱。

人的潜意识里充满了错综复杂的选择、记忆、想法、信念和感觉，这些都与成长过程中的经历有关。在个体进入亲密关系之后，和伴侣的矛盾或争吵会不断地触发这个潜意识机制，让个体早年的一些情绪重现，使其仿佛回到孩提时代，难以摆脱那种痛苦的感受。

健康的亲密关系，不是非要找到一个完美的灵魂伴侣，也不是让对方满足自己安全、性、情感、财务等需求，而是借由亲密关系和伴侣的存在，看到自己在成长过程中缺失的部分。只有疗愈了内心的创伤，才能更从容地与伴侣相处，让彼此的关系更加亲密。

重建内心 4：理性地看待"缺席"

有一个小女孩，在她还没有学会游泳时，就被别人从船上丢了下来。她很害怕，在冰冷的海水里挣扎，忽然看到海上漂浮着一块木头，她就紧紧地抱住那块木头。

后来，小女孩遇到了一个老人，他教她游泳，教她与人相处之道，让她重新学会信任他人。小女孩不再依赖那块木头，她开始靠自己的力量向岸上游。老人并未一路跟随，可她不再害怕，她会永远记得老人在自己的生命中出现过，他的教诲和鼓舞也将伴她终生。

你看懂这个故事了吗？其实，它隐喻着一个人的成长历程，而我们都有成长的可能性。

也许，早年父母对你的情感忽视让你产生了强烈的不安全感，一方面对爱有着贪婪的渴求，另一方面又不敢相信自己可以拥有爱，可以被人爱。为了消除内心的不安，你会忍不住想要掌控对方的一举一动，而这样的相处方式，会逐渐让对方感到疲惫和厌倦，强化对方想要逃离的念头。

要解决分离焦虑，不能希冀他人时刻陪在自己身边，而是要重新认识"分离"。

你要认识到，此时的分离焦虑源于彼时的情感忽视，由于早年的你未能与一个同频的、在身边的、滋养型的养育者建立健康的依恋关系（发展出客体恒常性），没有发展出信任感与安全感，因而你内化了一个错误的信念：这个世界是不安全的，分离是可怕的。任何形式的分离都会触发这一信念，使你再次体验到被抛弃、被拒绝、被贬低的痛苦，为了避免再次被抛弃、被伤害，你会选择否认、回避、报复等，以此开启求生应对模式。

这里涉及一个心理学概念——客体恒常性，它是指与"客体"能够保持一种"恒定的常态"关系。简单来说，具有客体恒常性的人，就算亲人不在身边，也相信他们内心依然记挂着自己；即便爱人没有即刻回复消息，或是想要独处，也不会感到沮丧；能够正确看待缺席，知道缺席不意味着消失或抛弃，只是暂时离开。

如果你在亲密关系中经常觉得没有安全感，那么了解客体恒常性，有助于你更好地理解自身的行为模式。当潜意识里的东西被意识化以后，我们就可以更好地觉察自己的情绪感受，并进行适当的调整。

在与稳定客体的相处中体验到正确的互动方式后，个体的思维模式可以获得重塑，尤其是和心理咨询师相处，在固定的时间、地点，见固定的人，他会不加评判地理解你，理解关系中的冲突和伤害，这样的关系在某种程度上还原了早年稳定的母婴关系。通过重塑早年的情感体验，个体会慢慢学会信任，认识到"缺席"并不意味着"分离"。

安全感是内心长出的盔甲，终究还是要回归到内在信念的转变：恋人之间难免发生冲突，但这不意味着双方不爱彼此，真正的爱是经得起挫折考验的。伴侣需要独处的空间，这不意味着他要抛弃你。即使有一天，对方想结束这段关系，也不代表你不够好，只是两个人在价值观、需求等方面不匹配，各自选择了不同的人生道路。

成长是一个缓慢的过程，在这个过程中，你可能还会产生想要"控制"对方的冲动，此时你可以试着把注意力从他人转向自己，培养自己的兴趣爱好，找到能给自己带来愉悦的小事，或是学习新的技能。当你专注地去做这些事情时，你的控制感会聚焦在这件事上，你也能充分体验到控制的乐趣。别小看这些小事，当你可以借由它们感到心安时，你就重建了自己的人生。

5 事情已经过去了，我仍然困在当时

心理困境 5：创伤后应激障碍

一个 16 岁的女孩在线上给我留言，说她每天在学校里都很焦虑，不知道怎么跟同学相处。她刚刚考上高中，来到这所新学校，总是担心同学不喜欢自己，害怕自己没办法和寝室的人处好关系。听她的述说，很像是社交焦虑的问题，可是经过深入的交谈之后，女孩告诉我，她曾经遭受过校园欺凌，这样的经历给她的内心留下了严重的创伤。

焦虑与创伤性事件有密不可分的关系，除了原生家庭造成的创伤，在生活中遭遇的创伤也会被"烙"进大脑和身体里。世界知名心理创伤治疗大师巴塞尔·范德考克在其著作《身体从未忘记》中，讲述过退役军人汤姆的故事。

汤姆曾经在美国海军服役，且参加了越南战争，从枪林弹雨中幸存了下来。复员之后，汤姆像其他青年一样，结婚生子，努力做好工作，一切都和常人没什么两样，甚至看起来日子过得还挺不错的。

然而，每到美国国庆日那天，夏日的燥热、节日的烟火、后院浓密的绿荫，都会让汤姆想起当年身在越南的情景，导

致他彻底崩溃。仅仅是听到烟花爆炸的声音,他都会感到全身瘫软,陷入到恐惧和暴怒之中。他不敢让年幼的孩子待在自己身边,害怕孩子的吵闹声会让他情绪失控。为了避免伤到孩子,他经常独自冲出家门,把自己灌醉,开着摩托车疾驰,这是他唯一可以释放情绪的方式。

其实,即使不是国庆日,只是普通的日子里,汤姆也很难安然入睡。梦境经常会把他拉回到危机四伏的战场,那些可怕的梦魇令他畏惧。他有时不敢睡觉,整夜整夜地喝酒。战争已经结束很多年了,可是汤姆却被困在了当时,他内心的战争始终都没有停息。

巴塞尔·范德考克解释说,多数人在遇到创伤后,会极力地把这些记忆抹掉,努力表现得像什么事情都没发生一样,继续维持正常的生活。然而,大脑并不擅长删除记忆,即便伤痛已经过去很长时间,它也会在极其微弱的危险信号刺激下,产生大量的压力激素,引起强烈的负面情绪和生理感受,甚至引发不可控的行为。

不是只有上过战场,经历过异常可怕的事情,内心才会留下伤口。那些超越了我们日常生活经验,完全击溃了个人正常处理问题能力的事件,都属于创伤性事件,如成长过程中经常被父母苛责、打骂;无意中目睹一次严重的车祸;亲人意外离世;遭遇校园欺凌……这些事件给人带来的心理刺激强度过大,超出了个体的承受范围,而又没有得到正确处理,就会导致创伤后应激障碍(Post-Traumatic Stress

Disorder，PTSD）。

PTSD 对人的身心具有破坏性影响，它甚至可以摧毁一个人的内在世界。陷入到 PTSD 中的人，往往会出现以下几种核心症状。

1. 创伤经历不断"闪回"

PTSD 患者无法安心存活于当下，他们会重复体验最害怕、最折磨自己的那段经历，而这些痛苦的回忆往往都是闯入性的，没有预警，就像从天而降，不需要刺激或是相关的引发物。有的人还可能会生动地看到当时的情境，并伴生相应的情绪和行为反应，就像是创伤再次发生，如同电影中的"闪回"。

2. 回避与创伤有关的线索

PTSD 患者会回避谈及和创伤有关的话题，远离那些会唤起恐怖回忆的事情和环境，就好像已经忘记了这件事。有时，他们会显得情感迟钝，对生活失去热情，对未来失去希望，不愿与人交流，变得麻木。

3. 处于持续的高警觉状态

PTSD 患者长期处于一种"战斗或逃跑"的状态中，就像是正在经历创伤事件。哪怕是身处较为安全的环境中，他们也会感到焦虑，时刻做好应对威胁的准备。在生理层面，他们会出现自主神经系统过度兴奋、睡眠障碍、注意力不集中等情况，还很容易产生惊跳反应，易激惹或暴怒。

4. 出现自我组织失调症状

人们普遍认为，只有地震、洪水、战争、交通事故等重大灾难性事件才能被称为创伤，引发PTSD。其实，现实生活中还有许多更为隐蔽、复杂的创伤，如家庭暴力、虐待、精神控制等，这些事件看似没有带来巨大的冲击，却会长期、反复地折磨个体，给个体造成更为复杂且严重的伤害，即复杂性创伤后应激障碍（Complex Post-Traumatic Stress Disorder，CPTSD）。

在《国际疾病分类（第11版）》（ICD-11）中，有针对CPTSD的定义，即个体经历了长期、反复，且带有强烈威胁性和恐怖性的创伤事件后，所形成的精神障碍。其症状表现包含两个部分，一是"与PTSD共同的症状"，二是"独有的自我组织失调症状"。关于自我组织失调，主要表现在以下三个方面：

（1）难以进行有效的情绪调节，或是冷漠麻木，体验不到愉悦感和幸福感，或是出现强烈的情绪波动，做出暴力的行为。

（2）持续性地自我否定，认为自己是糟糕的、失败的、毫无价值的，怀有强烈的负罪感和愧疚感。

（3）回避正常的社会交往，无法与人建立亲近的关系。

美国资深心理治疗师皮特·沃克认为，上述的这些症状会严重损害一个人重要的社会功能，如果这些创伤得不到有效的干预和治疗，个体会陷入重复的创伤之中，甚至形成心理和人格障碍。

重建内心 5：诚实面对过往的经历

PTSD 能自愈吗？这是深藏于 PTSD 患者内心一个疑问。

通常来说，一旦被确诊为 PTSD，患者需要积极遵照医嘱进行正规的治疗，包括药物治疗与心理治疗。然而，这一步往往是最难的，因为它意味着要直面自己的创伤。

心理创伤治疗大师巴塞尔·范德考克说过："我们痛苦的最大来源是自我欺骗，我们需要诚实地面对自己的各种经历。如果人们不知道自己所知道的，感受不到自己所感受到的，就永远不能痊愈。"

事实上，大部分临床工作者也认为，PTSD 患者应当直面最初的创伤，处理紧张情绪，建立有效的归因方式来克服这种障碍产生的损害。从治疗效果上看，PTSD 的预防比事后干预更好一些，因为患者一旦选择性遗忘了一些经历，事后的干预治疗会变得更加困难。

相关统计数据显示，经历了严重车祸并明显有患 PTSD 风险的个体，在接受了 12 次认知治疗后，只有 11% 的人患上了 PTSD；而那些只收到了自助手册的人，发病率却高达 61%。

活在世间，每个人都会遇到这样那样的不如意，遭受难以忍受的苦难，且这些不如意多数时候也不是我们能够控制的。但是，我们可以选择如何应对苦难，是困在其中，画地为牢，还是勇敢面对，找寻方法治愈，重拾生活的美好。

创伤的确可怕，但更可怕的是往后余生都困在创伤之中。疗愈创伤的过程，就是释放当初积聚在体内的能量，允许自己表达出当初未能表达的感受。当这些能量被顺利地释放出去，我们将重获新生，更有精力投入此时此刻的生活。

PART 3

如何跟自己的焦虑体质相处
——接纳比抗拒更有意义

1 动不动就焦虑，是不是太没用了

重塑认知 1：合理的焦虑有积极意义

"躺在床上的我，翻来覆去睡不着，脑子里冒出许多乱七八糟的念头，完全不受我的控制。我很着急，明天要早起赶飞机，到另一个城市参加峰会，迟到了会很麻烦。我想早点睡着，可越是逼自己入睡，越是睡不着，我感觉头昏脑涨，好难受。"

"下周就要进行演讲了，我到现在还没有准备好演讲稿，脑子里一片空白，完全没有思路。要是我在台上出了糗，该有多尴尬？想到这件事，我就心慌得不得了。"

"不知道什么时候，我被贴上了'大龄单身女青年'的标签。暂时没有遇见合适的人，我不想勉强走进婚姻，可看着父母着急的样子，我自己也觉得难受。特别是面对'35岁以上就是高龄产妇'的说法，说一点都不焦虑是假的……"

对于焦虑型人格者来说，这些情景应该再熟悉不过了！它们可能还会触动你的记忆，让你想起与之类似的其他经历。比如：大考来临之前，每天心神不宁、坐立不安；换了新工作后，顿时觉得压力倍增；被领导批评后，一直耿耿于怀；遇到一点事情，立刻就想到最糟糕的情形……你厌恶这种惶惶不可终日的感受，甚至多次埋怨或指责自己：心理素质怎么这么差？一点风吹草动就焦虑，也太经不住事儿了！

面对自己的易焦虑体质，不少焦虑型人格者会陷入自责中，认为自己太脆弱、太经不起事儿。诚然，焦虑让人感到不适，但它也并非一无是处，也不完全是一件糟糕的事。

从进化的角度来看，焦虑对生存有着重要意义，这也是它在进化中得以存续的原因。在较为原始的时代，人类面临的最大挑战是存活。外界的猛兽、自然灾害是客观存在的威胁，由威胁引发的焦虑让人类心怀恐惧，遇到任何风吹草动都会迅速开启预警模式。从这个层面来说，焦虑就像是一个安全卫士，时刻提醒我们防御可能出现的危机，并主动寻找解决办法。如果一个人从来没有关心过任何事情，也没有遇到过任何威胁，那他是很难获得成长的。

考试之前，我们会感到紧张、焦虑，这是因为内心期待考出一个好成绩，适度的焦虑促使我们查漏补缺，做好充分的应试准备。正因为我们会对即将到来的考试感到焦虑，才会认真地复习备考；正因为我们知道竞争对手不可小觑，才会全力以赴去提升实力；正因为我们发现信用卡透支严重，才会意识到无节制消费的习惯需要改变。大脑以焦虑的方式，提醒我们潜在的威胁，激励我们不断成长和改变，说服我们迎接挑战，达成更高的目标。

请放下心理包袱和自我责备，焦虑不是你的错，也不意味着你脆弱。不要轻易给自己贴标签，更不要盲目夸大这种情绪体验，武断地认为自己患上了焦虑症。只有当焦虑的频率和强度超出了正常范围，如同脱缰的野马，促使你做出了不恰当的反应，严重干扰了正常的生活，才需要警惕。比如：过马路时提心吊胆、四肢颤抖、左右张望，还是无法消除心底的恐惧；在家里好端端地待着，忽然担心会祸从天降；看到负面的社会新闻，开始担忧孩子在学校的安全；工作上遇到了困难，立马就想到灾难性的后果……

如何区分合理的焦虑与不健康的焦虑呢？两者的最大区别就是，合理的焦虑有现实依据，而不健康的焦虑是毫无根据的。

1. 合理焦虑：对现实的潜在威胁或挑战的情绪反应

○ 焦虑强度与现实的威胁程度相一致。

○ 焦虑情绪会随现实威胁的消失而消失，具有适应性意义。

○ 有利于个体调动潜能和资源应对现实挑战，逐渐习得应对挑战所需的控制能力，找到解决问题的办法，直至现实的威胁得到控制或消失。

2. 不健康的焦虑：没有现实依据的惊慌和紧张

○ 焦虑情绪的强度不合理，没有现实依据，或与现实处境不相符。

○ 焦虑是持续性的，不随客观问题的解决而消失。

○ 焦虑导致个体精神痛苦、自我效能下降，是非适应性的。

○ 伴有明显的自主神经功能紊乱及运动性不安，包括胸闷、气短、心悸等。

○ 对预感到的灾难或威胁异常恐惧，认为自己没有能力应对预感到的灾难。

2 总劝自己想开点儿，结果还是想不开

重塑认知2：允许负面思维的存在

你在生活中遇到了一件闹心的事，正为此感到忧心，每天寝食难安。为了消除内心的焦虑，尽快让自己平静下来，你选择向朋友倾诉，希望能获得一些安慰。朋友听闻你的烦恼之后，好心劝慰道："谁的生活都不是一帆风顺的，你得想开一点儿！"

你听从了朋友的劝慰，也在心里默默地告诉自己："我得想开一点，不能钻牛角尖。"可是，这样的劝慰寡淡无味，似乎只带来了瞬间的轻松，紧接着你就又回到了忧虑的旋涡中，

状态没有得到任何改善。你忍不住想问:"到底怎样才能想得开? 我真的能想开吗? 生活还会好起来吗?"

我们在成长过程中接触到一个重要观念,那就是遇到挫折和逆境时要保持积极的心态,用正面思维引导自己,许多励志书籍也会经常提到这一点。于是,我们越来越认同"随时都要保持正面思考才更容易走出困境"的理念,当周围人陷入低谷时,我们也习惯用正面思考的方式去安慰对方。

可是,这样做真的有用吗? 更确切地说,它真的可以帮助我们应对所有困境吗?

情况似乎并没有那么乐观,更多的时候我们体验到的是:虽然不断告诉自己和他人"想开一点""要乐观""要往好处想",结果却没有真的感觉到"心里舒服了""真的想明白了",甚至情况比之前更糟,就像是给自己挖了一个更深的坑。这时,焦虑感会直线上升,内心的怀疑声也会越来越大:"我是不是太没用了""我是不是太怂了""我觉得自己好失败""生活还能好起来吗"……太多的疑问,炙烤着我们的内心。

心理学研究发现,过度或不当使用正面思考,会导致个体情绪压抑、自我迷失、人际关系疏离,甚至产生焦虑、抑郁、自杀意念、自主神经系统失调。为什么在情绪低落时滥用正面思考,刻意对自己说一些正面的话,强迫自己呈现出乐观、积极的样子,感觉会更糟呢?

过度正面思考,会让人无法正视现实状况中的负面因素,无法与自己真实的情绪共处。当一个人内在的自己和外在的自己距离越来越远，其内心的痛苦就会加剧。

这样说并不是完全否定正面思考的意义。当现实的确朝着正面发展时，我们从正面去思考是没问题的。比如眼前出现了一个难得的机会，而我们也准备好了迎接挑战，此时去想象成功的状态可以提升自信，给自己带来力量。然而，如果自己的状态很糟糕，心情非常沮丧，却安慰自己"一切都会好起来"，假装自己不难过，这样就属于滥用正面思考了。

不少焦虑又沮丧的人曾这样描述自己的感受："我知道应该多想想积极的方面，身边的人也都告诉我要乐观，我试着每天早上对自己说'我可以的'，刚开始觉得有点用，但很快又掉进了沮丧的深渊。"

一位精神科医生表示，他每天都会面对"被负面想法缠住，或一直努力实现正面思考"的来访者，这也让他认识到一个事实：正面思考并不是万能神药，它和负面思考一样，在某些情况下也是有杀伤力的。当一个人压抑或忽略负面思维——不允许自己出现负面的想法，不允许自己有负面的情绪和表现，努力在世人面前展示出乐观进取的样子……这种过度的正面思考，很可能使人因心理上的失衡而出现身体的疾病。

《名望、财富与野心》里有一段话，解释了过度正面思考会失效的原因："正面思考并不是让你转化的技巧，它是一种选择模式，对于觉知毫无帮助。它反对觉知，因为觉知永远不会作选择，它纯粹只是压抑你性格上负面的部分，把负面压进无意识里,把有意识的头脑与正面思考挂钩,但无意识比有意识的头脑力量更大,是九倍大的力量,它也许不会以旧模样出现,而是以全新面貌显现。"

越是努力地正面思考,负面的力量越会反扑。这就好比天空布满了乌云,你可以无视乌云,可乌云依然会笼罩着你。在没办法感受到正面的意义时,千万不要勉强自己正面思考。其实,当你意识到失望、沮丧、焦虑都是正常的情绪反应,与成功、喜悦、美好共同存在,你反而更容易走出焦虑和无助。

3 为什么越抗拒焦虑,越会加剧焦虑

重塑认知 3:抗拒焦虑 = 为焦虑赋能

跟大家分享一个发生在国外的真实案例:

一个十几岁的女孩,某日清晨被四肢和关节的疼痛唤醒。女孩以为自己患了流感,就蒙上被子继续躺在床上休息,可是疼痛并没有消失,且一连几天都在侵袭她。女孩开始有些担忧,她害怕自己患了某种疾病。

作为学校垒球队的主力球员,女孩无心为比赛做准备,

尽管垒球比赛已经进入开赛倒计时。她躺在床上，可以清晰地感受到疼痛在四肢间涌动，陷入恐慌的她，决意向医生求助。

出门之前，女孩换上一条牛仔裤，她感觉这条裤子似乎有些紧了，像是缩水了一样。在医院里，她接受了一系列详细的检查。医生告诉她，她的身体并无大碍，四肢和关节的疼痛属于正常的生长痛，面对这样的状况，除了忍受，没有其他的办法。

知道自己并未患病，女孩打消了内心的忧虑。那年夏天，女孩几乎没有赖过床。虽然疼痛的不适感一直存在，但她照常打垒球、参加夏令营，进行其他一切夏日里的正常活动。秋季开学后，女孩带着一箱新衣服重回校园，之前的旧衣服已经完全不能穿了，因为她整整长高了 10 厘米。

心理专家在分析这一案例时提到，当女孩得知疼痛不是因为自己罹患身体疾病，而是属于正常的生长痛时，她对疼痛的态度发生了变化。起初，对于莫名的疼痛，女孩的本能反应是躺在床上休息，避免一切活动；当她得知这种疼痛是长高的预兆，是必须要经历的成长过程之后，她对疼痛的焦虑和抗拒消散了，而疼痛似乎也变得容易忍受了。

从这个案例，我们也可以延伸到应对焦虑情绪的问题。

焦虑作为一种负面情绪，无疑令人感到痛苦。因此，我们总想找到一个快速消除焦虑的方法，且坚定地认为只要自己做出一些改变，就能够摆脱焦虑的困扰。结果呢？往往事与愿违，我们越是抗拒它、厌恶它、抑制它，焦虑越会加剧，就像是被注入了更强大的能量。

为什么越是抗拒焦虑，焦虑会越强烈呢？

克里斯托夫·肯·吉莫在《不与自己对抗，你就会更强大》一书中指出："每个人都会遭到两支箭的攻击：第一支箭是外界射向你的，它就是我们经常遇到的困难和挫折本身；第二支箭是自己射向自己的，它就是因困难和挫折而产生的负面情绪。第一支箭对我们的伤害并不大，仅仅是外伤而已；第二支箭则会深入内心，给我们造成内伤，我们越是挣扎，越是想摆脱它，这支箭就会在我们的心中扎得越深。"

当我们从内心深处抗拒焦虑时，会感到烦躁、懊恼、沮丧，而这些感受会让焦虑看起来更强大。换言之，我们对焦虑的抗拒，如同在给焦虑喂养情绪能量。

如果我们换一种态度和方式，像上述案例中的那个女孩那样，把痛苦视为某种可以容忍的东西，去感受它、体验它，而不是试图分散注意力或把它藏起来，那么无论焦虑还是其他的感觉和情绪，都会经历起始、发展和终结的过程，慢慢走向平息。

我们无法控制自然界的天气，也不会想着去控制它，因为我们清楚地知道，不管狂风骤雨，还是雨雪风霜，都只是暂时的，终会有雨过天晴的时候。我们的生活经历也多次证实了这一点，所以我们接受了坏天气存在的必然性，也跨越了坏天气所设置的阻碍。

对待自身的感受和情绪，我们也需要有这样的态度，相信它们是流动的、变化的，会来也会走，不必去刻意地扭转、消灭它们。负面情绪本就是生命的一部分，你不用强迫自己喜欢它，你只要允许它出现，放下抗拒和厌恶，接受它的暂时存在，就已经很好了。

4 当焦虑来袭时，你可以做点什么

重塑认知4：与焦虑进行理性的对话

当我们被焦虑裹挟时，情绪会产生很大的波动，这种状态会严重妨碍我们正常进行思考。在此期间，千万不要急着去讨论问题，冲动草率地决策，你需要花费一些时间，让自己从涌动的情绪中平静下来，回归到冷静期，之后再去处理问题。如果在冲动之下选择结束恋情、辞去工作，日后你可能会对自己的行为感到后悔。

如何才能从烦躁不安的状态中冷静下来呢？前面我们说过，允许焦虑情绪的存在很重要，但这个允许并不是被动接纳。当焦虑来袭时，你还是可以做一些事情的。

1. 提醒自己

当焦虑来袭时,你可以提醒自己:"我现在有了焦虑的反应,这是生理机制导致的,不是我不好,这只是我的一部分。我可以控制它,但不会矫枉过正。"

2. 倾诉感受

试着把你的担忧和顾虑说给你信任的人,了解一下别人的看法。这样有助于调整你对危险的认知,意识到问题没有你想象的那么糟糕。

3. 转移注意力

当你意识到自己在担忧、痛苦、胡思乱想时,你需要做点事情,转移自己的注意力。比如整理房间、衣橱、文件,这能够让你感觉"一切皆在掌握之中"。

4. 调整认知

如果担忧的想法一直萦绕在你的脑海,困扰你的思绪,你可以告诉自己:"这不是真的,是我的身体在戏弄大脑,我的生理机制和别人不太一样,事实上我身边并不存在危险。"

焦虑型人格者的内心有一个错误的信念,即"生活中充满了危险,我必须时刻警惕,让生活不那么可怕"。其实,更为贴近现实的假设应当是"有时生活的确存在危险,我应该警惕并做好准备,但不必过分担忧"。

当然,改变思维惯性并不是一件容易的事,那些令人忧心的念头还是会不时袭来。此时,焦虑型人格者要学会和焦虑进行理性的对话,以此来反思现实,以更加现实的眼光去看待事件,质疑那些不合适的解释,尤其是对风险过分夸大的解释,因为正是它们引发了焦虑情绪。

关于如何进行理性的对话,在此给大家提供一些即刻可用的范本。

(1)感到焦虑时,把它当成生活中的插曲,而不是生活常态。

〇"我不能完全摆脱焦虑,但绝大部分时间里,我是可以控制焦虑情绪的。"

〇"我有这样的感觉是正常的,不是什么错。"

〇"我只是不知道该怎么处理,过一段时间我就能找到解决办法。"

〇"我不用恐慌,因为最坏的事情极少发生。"

(2)焦虑来袭时,你讨厌那种不舒服的感觉,但还是要给它留一点空间。

〇"你来了,你想告诉我什么呢?"

〇"我给你留出了空间,你待在那里就好,我还要继续处理其他的事情。"

〇"我确实有些焦虑,顺其自然吧。"

(3)当焦虑的感觉让你不舒服时,不要过分地夸大它,澄清想法与事实。

○"我不会一出现焦虑信号就不安,我忍得住。"

○"我的身体正在戏弄我的大脑,让我感到害怕,以为坏事要发生,但这不是真的。"

○"我的焦虑正在剥夺我的思考能力。"

○"我感觉不舒服,或许我可以去整理一下房间。"

5 选择遮掩焦虑,就又多了一重焦虑

重塑认知5:不加评判地接受焦虑

2019年岁末,Y小姐参加了心理科学传播讲师的集训和考试。她之所以选择参加这个考试,很大程度上是为了挑战自己,训练自己当众演讲的能力。

在现场演讲考试的环节,学员按照抽签确定演讲题目,Y小姐抽到的是"情绪调节"。对这个题目,Y小姐思考了大半个晚上,最后决定,还是从对情绪的认知入手,以自己的经历为切入点。

多年前的Y小姐,太渴望成为生活在阳光下的向日葵,

她希望自己每天都能仰头微笑，充满正能量，扛住生活里的种种刁难。在这种渴望的背后，也藏着一个错误的认知，那就是对消极的情绪的厌恶、恐惧和抵触。Y小姐在内心深处觉得，表现出"丧"是一种羞耻和罪恶。

Y小姐说："我害怕别人看到自己的消极情绪，总想在人前呈现出积极、乐观、上进的形象，以至于在一些问题上，有了不悦的情绪也不表现出来，感到紧张和焦虑时就自己忍着，难过了也强颜欢笑，虽然伪装得很强悍，但我的内心早已破碎不堪。"在她系统学了心理学，又开始进行个人体验后，这种状况才慢慢得以改善。Y小姐对情绪的认知，也发生了改变。

情绪是信息内外协调、适应环境的产物，本身没有好坏之分，只是人们为了区分情绪，对其进行了带有评价性的命名，如"积极情绪"和"消极情绪"。任何一种情绪都有其明确而积极的意义，那些让人感到不舒服的情绪，只是个体自我协调后决定远离刺激物的一种倾向。

当我们认清情绪的本质之后，就不会再执着于去消灭或压抑负面的情绪了，因为调节情绪的前提，就是认识和接纳情绪，认识到人生中的每一件事都给我们提供了学习如何让人生变得更好的机会：痛苦能让我们回到此时此地的现实之中；内疚能让我们重新检查自己的行为目的；悲哀会让我们重新评价目前行为的问题所在，并改变某些行为；焦虑能引起我们的注意，让我们多为未来做准备；恐惧则能动员起全身心，让我们保持高度清醒，应对险情。这些痛感，从某种意义上来说，也是一种动力。

在过往的经历中，Y小姐少有当众演讲的经验，因此在考试当天，她的内心是焦虑的，以至于手指尖都是凉的。与过去不同的是，Y小姐接纳了自己的这种紧张和恐惧，甚至敢把它告诉小组中的伙伴："我没有演讲过，特别紧张，手指尖都凉了。"

组里的一位伙伴是专业的培训师，授课演讲的经验很丰富，且台风极具感染力。她友好地握着Y小姐的手，给她带去了温暖和安慰。她说道："没关系，这很正常。你现在可以在我面前，尝试着讲一遍。"

带着这份信任与鼓励，Y小姐开始在她面前试讲。神奇的是，过程并没有她想象的那么曲折，她的表现也没有预想的那么糟糕，焦虑的情绪也未把她变得结结巴巴。相反，讲到后面的时候，她竟感到了从未有过的放松。试讲结束后，培训师姐姐帮她重新设计了一下开场白，让演讲的开头变得更吸引人。

就是这样一个过程，让Y小姐之前的恐惧和焦虑减少了一大半。她开始能够和自己对话："紧张是正常的，初次登台即便讲不好也是正常的。参加这个集训，就是为了挑战自己，锻炼自己的能力。从这个层面来说，我已经做到了，因为我突破了恐惧。"

演讲考试的环节，Y小姐最后得了98分，这个成绩是她当初没有想到的。整个过程下来，她最大的收获不是通过了心理科学传播讲师的考核，而是她做到了"知行合一"，在给大家讲述情绪调节的话题时，她已经真正地实践了它，成为它的受益者。

容易焦虑的你，可能会在每一次踏入未知领域时心生焦虑与恐惧，这并不可怕，可怕的是你不想接受它，试图掩盖它。当你选择遮掩焦虑的时候，往往会更加焦虑，因为你担心被人看穿你的焦虑。

放下心理包袱吧！试着不加评判地接受焦虑，并轻声细语地对它说一句："没关系，我接受你，我也知道此刻的自己出现这样的情况是正常的……"你也可以把这种焦虑落落大方地表达出来。感到紧张焦虑并不意味着"失败"，也不代表你"不好"；事实恰恰相反，心怀恐惧依旧敢往前走，说明你很勇敢。

6 不说"我很焦虑"，说"我在体验焦虑"

重塑认知 6：把自己和焦虑情绪区分开

情绪是一种暂时性的体验。用抵抗的态度去阻止消极情绪产生，回避、拒绝接纳自我的痛苦感受，对我们毫无益处，只会激发更恶劣的情绪。

蒂博·默里斯在《情绪由我》中写道："不要过分执着于情绪，就好像你需要依赖它才能生存一样。不要轻易认同情绪，就好像它真的可以定义你一样。请记住，情绪来来去去，而你依然是你。"这是一个值得铭记的忠告，也是一个与消极情绪相处的良方。

焦虑型人格者经常会把情绪和自己联结在一起，最常见的情形就是：当焦虑的情绪出现时说"我很焦虑"，当恐惧的情绪出现时说"我很恐惧"。你可能会说："这有什么问题吗？所有人都是这样说的呀！"事实上，这样的说法真的有问题。

蒂博·默里斯认为，用"我很焦虑""我很愤怒"等语句来描述情绪，意味着在自己和情绪之间画上了等号。但情绪只是一种暂时性的体验，它不能代表你，你只是在生命的某一特定的时间点体验到了它们而已。

如果悲伤的情绪可以代表你，那么你生命中的每分每秒都应该是悲伤的，但你也发现了，即便经历过许多不如意，甚至在某一时刻感觉世界都是灰暗的，可是悲伤的情绪并没有一直持续。焦虑的情绪也是一样，你并非时刻都处在焦虑之中，这种情绪更像是来来去去的过客。

那么，怎样才能把自己和情绪区分开呢？

假如你产生了焦虑的情绪，你可以用这样的方式来描述："我正在体验焦虑的感觉。"相比"我很焦虑"的说法，这样的描述可以起到提醒的作用：你是情绪的体验者、见证者，情绪不能代表你。这样能够给你留出心理空间，让你从情绪中抽离。

上述处理方式可以被称为"全然觉知"，在心理治疗领域也经常会用到。

强迫症是一种医学意义上的疾病。如果强迫症患者可以清晰地意识到，强迫观念和强迫行为都是强迫症导致的，而不是他们自己所致，这对治疗强迫症会产生积极的意义，它可以让患者把那些滋扰自己的不良情绪，重新确认为由脑部错误信息引起的强迫症状。

心理咨询师建议，当遭受强迫症状困扰时，可以这样提醒自己：

〇 "我不觉得有洗手的必要，是我的强迫观念让我去洗手。"

〇 "我不认为自己的身体脏，是我的强迫观念说我的身体脏。"

这样的做法，就是把"我"和"强迫症"分离。经常下意识地这样做，即便不能立刻把强迫冲动赶走，也能为应对强迫观念和强迫行为奠定基础。

我们无法控制焦虑情绪的出现，但可以选择清醒地认识和对待它。如果你相信焦虑代表了你，强烈地想要认同它，并且产生了一系列消极的想法，那你就落入了焦虑的深渊。

PART 4

焦虑是一场关于想象的游戏
——把注意力拉回当下

1 焦虑是大脑对未知事件的想象

处理方法1：不过度认同自己的想法

在生活中，我们可能会遇到以下这些情况：

"上次考试失利，遭到了老师的批评和父母的责骂，最近又要月考，紧张焦虑得睡不着觉，生怕再考不好，无法面对那些对自己抱有很高期望的人。"

"明天要去参加复试，很担心不能被录用，心里特别烦躁，什么事情都不想做，心里就像揣着一只上蹿下跳的兔子，片刻不得安宁。"

"本月的销售业绩太差了，怕被店长'点名'，每天上班都像是上'刑场'一样煎熬。"

"公司年度晋级考核迫在眉睫，害怕自己不能达标，这种晋升机会是少有的，错过了就不知道要等多久了，也可能就没有机会了。"

"部门要裁员了，害怕自己在失业名单上，想到每个月还有房贷、车贷要还，瞬间觉得喘不过气，甚至还想到了还不上贷款房子被收走的情景。"

生活充满了挑战，也充满了不确定，我们几乎随时随地都可能被各种各样由内在或外在因素诱发的念头所困扰，不由得感到焦虑。在多数人看来，焦虑是因为面临着考试、面试、业绩、晋升等问题，其实这并不是全部的真相。毕竟，面对同样的处境，有些人是可以从容地应对的，他们并不会焦虑难安，紧张得吃不下饭、睡不着觉。

真正决定焦虑水平的不是事实本身，而是头脑中对未知事件的负面幻想与联想。简言之，焦虑源于对未知的不确定感，以及想要摆脱这种不确定感时产生的情绪反应。

仔细觉察不难发现，焦虑总是出现在"胡思乱想"的状态中。

当焦虑发生时，我们并不在当下，而是沉浸在一种负面的想象中。人类的大脑天生就有一个缺陷，即分不清想象和现实，那些可能会发生的状况并不是真实的威胁，只是被感知到的可能的威胁，可大脑却以为它们就是真的。于是，它就会命令身体做好战斗或逃跑的准备，致使血液中的肾上腺素和皮质醇水平升高，这种神经化学反应会让人陷入焦虑和恐慌中，并出现一系列的生理反应，如心跳加快、呼吸急促、头晕目眩或恶心。

当大脑把想象中的情景当成了真实的威胁并作出反应时，负责思想、信念和感知世界的前额叶皮层就和大脑边缘系统中的杏仁核建立了联系，提醒我们危险正在发生。这个时候，大脑就会被杏仁核"劫持"，沉浸在焦虑、恐惧和愤怒中，无法再进行正常的思考。

杏仁核是大脑的情绪中心，当我们感到恐惧、无助或生命受到威胁时，杏仁核会避开大脑的逻辑和理性思考程序，直接让我们对外界刺激作出行为反应。这种迅速且压倒性的情绪反应，被心理学家丹尼尔·高尔曼称为"杏仁核劫持"。

总而言之，焦虑就是大脑把感知到的威胁（担忧的想法）当成了真实的威胁（洪水猛兽）而产生的反应。实际上我们对很多事情的预判并不准确，许多威胁只存在于想象中。如果你过分认同自己的想法，把它们全部当成事实，就会很容易被焦虑裹挟。

下面是一个简单的练习，可以有效地帮助你辨识想法与现实。

回想一下曾经让你感觉非常焦虑，但后来发现这种担忧完全没有必要的情境。

_____

_____

当时，你最关心的是什么？感受到的威胁又是什么？

_____

_____

分析一下你的关心和恐惧，它们到底是真实存在的，还是想象出来的？是否能够以减少关切或重新认识威胁的方式，来降低你的焦虑感？

_____

_____

2　99%的预期烦恼并不会真的发生

处理方法2：做好当下的事

撒哈拉沙漠里生活着一种土灰色的沙鼠：每当旱季到来前，它们总要囤积大量的草根，以备艰难日子食用。但是，哪怕草根已经囤积到足以让它们度过整个旱季，它们仍会拼命地寻找草根，运回巢窟，如果不这样做，它们似乎会变得焦灼不安。

后来，医学界人士想用沙鼠来代替小白鼠做实验动物，但屡屡失败。尽管实验环境中的各种条件都很舒适，食物也十分充足，但沙鼠还是很快就会死亡。医生研究后发现，沙鼠死亡是因为它们没有囤积到足够的草根，换句话说，它们是因为极度的焦虑而死的。

焦虑型人格者常常有这样的体验：无休止地强迫自己去做某一件事情，并且伴随着焦虑、紧张和恐惧的心情。遇到麻烦时，他们总是觉得最坏的事情就要发生了，然后坐立不安、茶饭不思，整天心烦意乱，对周围的一切都丧失了兴趣。

美国作家布莱克伍德说："99％的预期烦恼是不会发生的，因为不会发生的事饱受煎熬，真是人生的一大悲哀。"诺贝尔生理学或医学奖获得者亚历克西·卡雷尔博士也说："不知道如何抗拒忧虑的人，都会短命而死。"

威尔斯金女士是个多愁善感、心思很重的人，她心中的忧虑让她觉得自己总是会遇到很多麻烦。1943年这一年，在她的生活中也的确发生了很多事，用她自己的话说就是"世界上的一切烦恼都落在了我的肩膀上"。让我们看看威尔斯金女士遇到的那些恼人之事吧！

威尔斯金女士的培训学校在生源方面遇到了问题，她甚至担心自己的培训学校因此破产。因为在那一年，不少男孩都去报名参军了；而没有经过培训的女孩在军工厂赚的钱甚至比受过培训的女孩在一般工厂赚到的还多。

威尔斯金女士的小儿子正在服兵役，她非常担心儿子的安危。女儿今年就要高中毕业了，她想考大学，但是威尔斯金女士把所有的积蓄都投入到了培训学校中，根本没钱给她交学费。她担心女儿知道这件事会非常伤心。

威尔斯金女士面临无处安身的困境：她的房子正好处在

当时达拉斯市政府要用来建造机场的地段上,据她自己估计,她只能得到房子总价10%的补偿,而让她更为担忧的是,那时候房子资源非常匮乏,自己的房子被征用后哪里可以再买到新房呢?

威尔斯金女士每天都要走很远的路去打水,因为她家的水井已经干涸,而再挖一口新井对于一个马上要被政府征收的地方来讲,已经没有太大的意义了。她担心,在战争结束之前都要这样做。

威尔斯金女士被这些烦恼困扰得整天忧心忡忡,十分痛苦。她几乎把所有的精力都放在处理这些事情上,却始终想不到好的解决办法。她把这些问题写在一张纸上,又把纸贴在了办公室的墙上,每天都要看几遍。可是,这种做法除了给威尔斯金女士平添了更多的焦虑,没有丝毫帮助。渐渐地,威尔斯金女士把墙上贴的纸当成了一种"装饰",将它们全都淡忘了。

几年之后,当她收拾办公室的时候,这张写着她当时五大烦恼的纸又摆在了她的面前。而具有戏剧性的是,此时的威尔斯金女士,早就已经从这些困扰中解脱了。

这些曾经在她看来"无解"的问题,最后都是怎样被解决的呢?

当威尔斯金女士的培训学校即将维持不下去时,政府要求她代训退伍军人,并为她拨了款项。由此,培训学校又恢复了往日热闹的景象。

一年后，政府决定不再征收这块地，她不用担心流离失所了。威尔斯金女士只花了一点钱就挖了一口新的井。由于威尔斯金女士的培训学校顺利地度过了危机，她很快就重新有了盈利，女儿的大学学费自然也就有了保证。不久之后，战争结束了，威尔斯金女士的儿子安全返回。

此时，威尔斯金女士恍悟：自己从前忧心的那些事情，几乎都没有发生。这也给她带来了全新的思考和启示：就算明天真的有烦恼，今天的自己也是无法解决的。每一天都有每一天的人生功课要交，努力做好今天的功课就行了，不必给当下的自己制造过多的痛苦。

有些时候，我们的确会忍不住设想一些不太好的结果，继而为此感到焦虑不安，比如担心被老板炒鱿鱼，失去工作，还不起房贷……这样的担忧有合理性，倘若公司难以为继或者自己在工作上出了差错，我们的确有可能陷入失业的境地，但这只是一种灾难化的想法。

这个时候，要把自己拉回当下，先告诉自己："我所担心的问题是小概率事件，我工作很认真也很努力，不会被无缘无故炒鱿鱼；就算公司难以为继，但我的能力并没有消失，还可以凭借技能去找新工作。与其胡乱担忧，不如做好当下力所能及的事情。"

3　如何处理大脑中那些焦虑的想法

处理方法3：感谢焦虑的提醒

虽然我们知道有些担忧完全是出于想象，可是那些乱七八糟的念头并不会快速消退，它们仍然会像蚊子一样在脑子里嗡嗡作响，要怎样应对这些想法呢？

很显然，屏蔽和抗拒是不现实的，你越是反抗、逃避，不想去面对感知到的威胁，就越能充分说明威胁的确存在，从而让焦虑感变得更强烈。即使你和焦虑争论，罗列出一大堆理由，告诉自己"没有担心的必要"，也无法让焦虑消停。

此时，你需要做的是：给焦虑充分表达的机会，不要简单粗暴地让它闭嘴，即便有负面想法冒出来，也不要去评判它或遵循它。最好，你能够简单地对它说一声"谢谢"，承认它的存在，然后继续做你该做的事情。这种处理方式，就是美国焦虑治疗专家戴维·A.卡波奈尔提出的"AHA策略"。

AHA策略，即承认（Acknowledge）——承认和接纳，顺应（Humor）——顺应焦虑的想法，行动（Activity）——继续完成现实生活中重要的事。

傍晚时分忽然下起大雨，你望着窗外，心不由得揪了起来。正值下班的时间，你想起之前看到过的一些新闻事件：有人落入下水道，被水冲走；雨天路滑，能见度低，高速上多车连撞……这让你感到很不安，你害怕家人会在下班途中遭遇不测。

面对这些令人紧张不安的想法，你需要允许它们在头脑中存在，还要去感知这些想法要传达给自己的信息："晚高峰的路况比较糟糕，雨天视线不好，容易出事故""担心家人会出意外，是因为我很害怕他们受伤，更害怕失去他们"。

请记住，无论是上述的哪一个声音，它都只是"想法"，是焦虑在提示你可能要面临的威胁。当这些想法侵扰你时，你可以试着对它们说："谢谢你们的提醒，我知道了。"这样的话，你就成了一个旁观者而非参与者，你和想法之间就拉开了距离。在观察、正视、放下想法的过程中，你对焦虑情绪的免疫力会慢慢提升。

当然，有些时候你可能还是会重新陷入担心的循环中，当那种不安的感觉涌上来时，你会觉得对它们说"谢谢"显得特别愚蠢。没关系，这很正常，既然没有办法不担心，那就干脆主动选择一段时间让自己去感受这种情绪。

你可以定一个闹钟，设置10~20分钟的时间，尽情地担心，不要压抑任何想法，也不要与任何念头争论，让所思所感自然流淌。其间，你可能会想要去解决某些烦恼，但不要顺着这个思路走，你不用去解决问题，只要去感受它就好了。

试图控制焦虑的行为，恰恰是焦虑情绪的根源。当你不再试图控制焦虑，切断了情绪能量的供给时，焦虑循环就会被打破。你对焦虑警报的反应越弱，焦虑和恐惧的感受就会越少。

4 失控的状态，简直太让人抓狂了

处理方法4：预想灾难后备方案

世上最摧残人的活力、消磨人的意志、降低人的能力的东西，莫过于忧虑。人在情绪不稳定的情况下，做什么事情都很难投入其中。此时，大脑受到了外界不良因素的干扰，根本无法像没有任何精神压力时那样集中精力思考，这将导致事情原本应有的解决步骤和方式也被扰乱。

道理易懂，可是真遇到问题的时候，焦虑型人格者还是会不自觉地陷入恐慌之中。这种恐慌源于一种强烈的"失控感"，即觉得整个局势是自己没办法控制的，不管怎么做都无法确定自己是"安全的"，这种感觉简直令人抓狂。

面对这种可怕的失控感，怎么做才能让自己恢复平静呢？

已故的美国小说家塔金顿曾说，他可以忍受一切变故，除了失明，他绝不能忍受失明。结果，怕什么偏偏来什么，令塔金顿最为担心的事终究还是发生了。在他60岁那年的某天，他看着地毯时，突然发现地毯的颜色渐渐模糊，他看不出图案了。经过检查，医生告诉了他一个残酷的真相：他有一只眼差不多已经失明，另一只眼也接近失明。

面对这巨大的打击，很多人猜想，他肯定会觉得人生完了，纵然不会一蹶不振，但也肯定沮丧至极。出人意料的是，他还挺乐观。当那些悬浮的大斑点阻挡了他的视野时，他幽默地说："又是这个大家伙，不知道它今早要到哪儿去！"等到眼睛完全失明后，塔金顿说："我现在已经接受了这个事实，也可以面对任何状况。"

为了恢复视力，塔金顿一年要接受12次以上的手术。有人怀疑他会抗拒，但他没有，他知道这是必须的，无法逃避的，唯一能做的就是优雅地接受。他放弃了高档的私人病房，而是跟大家一起住在大病房里，想办法让大家开心点。每次又要做手术的时候，他都提醒自己："我已经很幸运了，现在的科学多么发达，连眼睛这么精细的器官都可以做手术了！"

要在一年里接受12次以上的手术，还要忍受失明的痛苦，不知多少人在听闻此事后会崩溃。不过，塔金顿学会了接受，还坦言自己不愿意用快乐的经验来替换这次经历，他相信人生没有什么事能够超过自己的容忍力。

应用心理学之父威廉·詹姆斯说："能接受既定事实，是克服随之而来的任何不幸的第一步。"焦虑的时候，你一定会想到各种糟糕的状况。没关系，你可以试着把能够想到的所有最坏的可能性全部列出来，并思考：如何防止这种情况发生？如果最糟糕的情况发生了，你可以做些什么来保护自己，减少损失或伤害？当你找到了应对方案时，你的控制感会得到一定程度的恢复，这也会给你带来一些安心感。

提前预想可能发生的最坏情况，做好灾难后备方案，可以预测自己的心理防线，让自己能够接受这个最坏的情况。有了能够接受最坏情况的思想准备后，往往就能回归平静的心态，把时间和精力更多地用来改善最坏的情况，从而减少担忧和恐惧。

下面是一个范例，你可以以此为参照，为你担忧的问题设计一份灾难后备方案。

让你感到焦虑和忧心的问题是什么？

案例示范：接连有两个同事确诊了癌症，我很担心自己也会罹患重疾，毕竟这些年的生活压力很大，我的作息和饮食都不是很规律，这可能都是隐患……我都好几年没有体检了，不是不想去，而是不敢去，觉得自己没有勇气面对。

你的问题：_____

_____

_____

怎样做可以防止这样的情况发生？

案例示范：我要改变自己的生活习惯，健康饮食、规律运动、调节压力，降低患重疾的可能性。

你的问题：_____

_____

_____

_____

如果最坏的情况发生了，你可以做些什么帮助自己？

案例示范：如果我真的罹患癌症了，我希望自己有条件接受治疗。所以，我得给自己购买一份商业保险，减少后顾之忧。然后，我还要定期体检，及时了解身体的状况，即使真的得了癌症，也可以早发现早治疗，避免延误最佳治疗时机。

你的问题：_____

_____

_____

_____

5 焦虑时大脑一片混乱，不知道怎么办

处理方法 5：掌握有序思考的技巧

部门主管小莉近日遇到了一个棘手的难题：下属晓琳因为粗心马虎，不小心泄露了一位客户的资料，客户非常生气，直接取消了合作。按照公司的规定，小莉必须对晓琳进行处罚，参照过往的类似情形，应当以开除来处理。

其实，晓琳能够到这家公司工作，当初就是小莉推荐的，她不想与之发生正面冲突。况且，她和晓琳的姐姐是大学同学，如果就这样开除了晓琳，很怕伤了彼此之间的情谊。更让她纠结的是，晓琳的家庭状况不太好，孩子患有慢性病，需要长期服药和治疗，如果晓琳失去了这份工作，一家人的生活质量都会受到影响。

到底该怎么处理呢？小莉一连几天都很苦恼，一想到这件事情，脑子里就蹦出一连串的念头：要是我开除了晓琳，部门里的其他同事会说我没有同情心；我还可能失去一个朋友，甚至伤害到一个生病的孩子！可是，如果不开除晓琳，领导会不会认为我是徇私呢？他还会信任我，让我带领这个团队吗？

不难看出，小莉已经完全被焦虑的念头绑架了，它们不断地提醒小莉会有某些情况发生，而且这些问题都是亟待解决的。虽然这些想法不能代表事实，可当小莉高估了这些自己感知到的威胁时，她的大脑很难进行有序的思考。

我们可以假设一下：如果小莉真的做了自己职责范围之内的决定，她一定会失去团队下属的信任吗？一定会被指责无情无义吗？如果她的做法真的让朋友（晓琳的姐姐）感到不满，就没办法通过沟通消除对方的误解和怒气吗？

不一定。所以说，问题不是没有办法解决，情况也没有想象中那么糟糕。只不过，焦虑引发的那些念头，让小莉感到烦躁不安，不知道该采取什么样的策略来应对。那么，在这样的时刻，小莉该怎样帮助自己恢复有序思考，做出准确的行动呢？

1. 明确自己遇到的现实问题是什么

小莉当前遇到的现实问题是：下属晓琳因粗心马虎泄露了客户的资料，致使公司损失了一位重要的客户，且声誉受到了影响。

2. 思考解决这一现实问题有哪些可行方案

这个过程不是要确定最佳的解决方案，而是要打开思路去思考各种不同的解决问题的办法。对小莉来说，可行的方案有以下几种：

方案1：对晓琳进行开除处理。

方案2：和晓琳的姐姐认真谈谈这件事。

方案3：降低晓琳的工资，重新设定试用期。

3. 对列出的可行方案逐一进行评估

评估方案1：开除晓琳，以表示公司对这件事的重视，也可以警醒其他员工。但是，这种做法会让小莉很不舒服，她可能会失去一段友情，并让一个家庭暂时陷入经济上的困境。

评估方案2：与晓琳的姐姐谈一谈这件事，对解决问题没有实际意义上的帮助。

评估方案3：给晓琳重新设定试用期，说清楚再出错要承担怎样的后果。如果日后晓琳再粗心大意，开除也是合情合理的，且她本人也是认同的。在试用期间，小莉可以为晓琳安排相应的培训，帮她提升工作技能。

4. 筛选并执行相对较好的可行方案

完成上述的评估之后，不难看出方案3是比较可行的。接下来，小莉就可以执行这一方案了。不过，进行到这一环节，并不代表小莉的焦虑感会完全消除，因为她一直希望找到一个"万全之策"，既可以挽回公司的损失，又不会影响人际关系。

请注意，这是一种追求完美的执念。要知道，解决问题从来都没有最优解，要学会接受不完美的解决方案。最后要说的是，如果这一方案未能帮助小莉解决问题，那么她还是要回到前面的两个步骤,重新思考并筛选全新的方案。

以上就是在焦虑状态中进行有序思考、做出准确行动的步骤,你学会了吗?

6 怎样做到"不念过去,不畏将来"

处理方法6:关注此时此刻

大学毕业后,沐阳去了一家国企单位做文员,工作不算太忙,只是有些单调,长期重复着同样的事务。十几年过去了,看到原来的大学同学都在不同领域做出了成绩,沐阳的心里既有羡慕,也有焦虑。他担心自己一直在体制内工作,会失去适应市场环境的能力,万一哪一天单位出现变动,自己丢了工作,该怎么生存呢?

这种不安全感越发强烈,但沐阳一直没有勇气辞职。偶然的一次机会,朋友找到了一个不错的项目,他邀请沐阳共同创业,这件事促使沐阳离开了原来的单位。

虽然这位合伙人之前有过创业的经历,可是他们这次经营的新项目营利并不是很理想,仅仅维持了三年多,就以失败告终了。沐阳觉得，这次失败的主要原因是项目选择失误，他还想重新尝试一下，就四处考察项目。前后考察了十几个，每次刚接触一个项目都觉得不错，但仔细分析过后，他发现任何项目都是有风险的。于是，他开始担忧万一又失败了怎么办。

周围有两三个朋友很关心沐阳，起初还为他出谋划策、宽心解忧，可是时间久了，听得多了，也就没耐心了。有朋友还一针见血地指出："创业本来就有风险，你又想当老板，又不想承担风险，怎么可能？要是怕风险，不如回去坐班，按时打卡，按月拿工资。"

沐阳当然不想回去坐班，可他还是深陷在"恐惧风险和失败"的焦虑中无法释然。最后，实在顶不住经济压力，他只好又找了一家私企回去上班了。

现实中像沐阳这样的人并不在少数，只是每个人面临的具体问题不一样罢了。他们之所以瞻前顾后、焦虑不安，有很大一部分原因是被过去的回忆或未来的担忧所干扰，没有活在一种"临在"状态中。

"临在"一词出自《当下的力量》一书，意指让自己处于当下的时刻，专注于当下所做的事情。临在意识，强调人在哪里，心就在哪里，关注此时此刻，而不是游移在别处。

就沐阳来说，他要么是在分析过去，要么是在担忧未来。谁都知道，创业是有风险的，分析风险、评估风险不可或缺，但在分析风险后，要思考如何规避或降低风险；或是在可行性评估允许的情况下，带着一份冒险精神付诸行动。

一个人总是不断地回忆、评判、懊恼过去，不断分析、揣摩、担忧未来，就意味着他的头脑每时每刻都在运转。在这样的状态中，身心是分离的，一天下来可能并没有做多少事情，却会感觉精疲力竭，因为做了太多无效的思考，耗费了太多的能量。

身心分离会让人焦虑难安、做事效率低下，无论情感还是事业都会受阻。其实，我们头脑中的"我"，不一定是真的我，也可能是头脑创造的"小我"意识。真的"我"，不在过去，也不在未来，而在此时此刻、此身此地。我们要做的是关注真的我，回归"临在"状态，少怀念过去，也不过分控制未来，如此才能减少能量的耗损，活得轻松、专注、高效、自在。

7 为什么越闲的时候，越容易焦虑

处理方法 7：创造心流状态

焦虑型人格者喜欢胡思乱想，对此有些"毒舌"之人会用两个字来评判——"闲的"。这样的评判听起来的确很刺耳，但从脑科学的角度来说，它也不无道理。

回想一下：当你休息的时候，你的大脑在做什么？它有没有呈现出一片"空白"呢？似乎并没有，它不是想到某些人，就是想到某些事，即使在你睡着的时候，它也会忙着做梦。

脑科学家研究发现，大脑有两种思维状态，一种是专注模式，另一种是发散模式。当我们进行有目的思考时，大脑会启动专注模式，摒弃各种杂念；当我们什么都不做时，大脑会把所有闲置的时间都用来"胡思乱想"，思考他人和自己的关系。

这也印证了一个事实：焦虑型人格者在忙碌的时候，往往不会被乱七八糟的想法困扰；一旦不忙了，闲下来了，就开始钻牛角尖了。所以，要缓解焦虑，不如让大脑启动专注模式，专注做一些力所能及的有意义的事，尽可能地创造"心流状态"，让身心安驻在当下。

心流状态，是积极心理学奠基人米哈里·契克森米哈赖提出的一个经典心理学概念，意指在做某件事情时，那种投入忘我的状态。契克森米哈赖描述说："你感觉自己完完全全在为这件事情本身而努力，就连自身也因此显得很遥远。时光飞逝，你觉得自己的每一个动作、想法都如行云流水一般发生、发展。你觉得自己全神贯注，所有的能力均被发挥到极致。"

焦虑型人格者想要提高生活质量，提升工作效率，减少焦虑想法的侵扰，就要尽可能多地让自己全身心投入到所做的事情中，并连贯顺畅地持续下去。契克森米哈赖在TED演讲《心流，幸福的秘诀》中，将人们对于"心流"的感受做了归纳，指出7个明显的特征。

（1）完全沉浸，全神贯注于自己正在做的事情中。

（2）感到喜悦，脱离日常现实，感受到喜悦的状态。

（3）内心清晰，知道接下来该做什么，怎样把它做得更好。

（4）力所能及，自己的技术和能力和所做的事情完全匹配。

（5）宁静安详，没有任何私心杂念，进入到忘我的境地。

（6）时光飞逝，感受不到时间的存在，任它不知不觉地流逝。

（7）内在动力，沉浸在对所做之事的喜爱中，不追问结果。

许多事情能让我们进入心流状态，但不是所有事情都能减缓焦虑。比如打游戏、追剧、打牌、聊天等活动，虽然也能让人沉浸其中，无须调动自控力就可以进入专注、不受外界干扰的状态，完全被所做之事吸引，从而忘却了自我，忽略了时间，并产生愉悦感，但是做完这些事情后，我们可能会感到空虚和愧疚，觉得没有意义，从而诱发更多的焦虑。

好的心流体验是有条件的：第一，所从事的活动要有挑战性；第二，所从事的活动必须涉及复杂的技能。只有这样的事情，在做完之后才能让人感到满足和幸福。

早晨，你坐到工位上，不自觉地去翻看手机、刷网页，完全沉浸在社交媒体或新闻世界中。当你回过神来时，已经不知不觉就过去了一两小时，此时等待你的往往就是焦虑，因为一天中的黄金时间就这样被浪费了，而那些既定的工作任务，你还一点都没有做。

相反，当你认真地去琢磨一篇发言稿、整理销售数据时，你也会进入到心流状态中，感觉时间不复存在，周围安静极了，你的眼睛紧紧地盯着屏幕，大脑飞速运转，你不会走神、不会停顿，完全是一气呵成。等到整件事情结束后，你深呼一口气，体验到的是满满的成就感。

很显然，后一种状态才是我们真正需要的心流体验。

好的心流体验不会凭空降临，它需要一定的条件。

1. 清晰的目标

你必须要有具体而明确的目标，清楚地知道自己要做什么，这样才不会让思想处于游离状态。比如早起之后，你可以安排自己读30页的书。有了这个目标，就会更容易撇开与目标无关的信息，清除杂念，把注意力集中在读书这件事上。

2. 即时的反馈

人在玩游戏时很容易进入心流状态，这是因为得到了即时反馈：每完成一局游戏，系统都会给出"输或赢"的反馈，以及列出玩家得到的奖励，这也是很多人选择继续玩下去的重要动力。把这种模式转移到学习和工作中，也能收获莫大的驱动力。

3. 与能力相匹配的挑战

当能力不足以完成一件任务时，会让人感到失落；当能力远超任务所需时，会令人感到乏味；当个人能力与任务难度刚好匹配时，就可能会产生心流。如果一项任务充满挑战，而你自身的能力又不足时，你可以努力学习和了解这个领域的内容，提高能力应对挑战；如果一项任务比较简单，为了让自己重视起来，你可以给自己设定更高一些的要求，创造挑战。

说到底，唯有身心停留在当下，才能够减缓焦虑。所以，做事的时候，全身心地投入其中吧！不要用发朋友圈的方式去粉饰浪费时间的空虚感。休息的时候，也要尽可能找到自己能专注沉浸的爱好，享受真正的愉悦。这样的生活既有意义，也不会被无谓的忧虑占据。

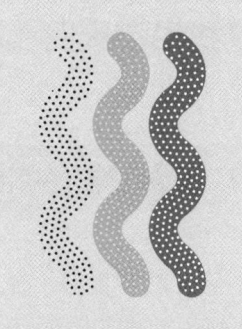

PART 5

恐惧永远都在,学会与之共处
—— 强韧心灵的成长路径

1 经常被人嘲笑胆小，我也讨厌自己这样

心灵成长 1：不为恐惧感到羞耻

当我们面对未知且不确定的情形时，会产生一种失控的不安全感。面对潜在的失控或不安全，我们所感受到的焦虑，其实就是潜意识里的恐惧。

现实生活中，焦虑型人格者经常会被人嘲笑胆子小，但凡有一点风险，他们都不愿意去尝试。有时，他们也想让自己大胆一些、无畏一些，可是生理上的反应却不会骗人，那加速的心跳、胸口的憋闷感，都是难以掩盖的恐惧和不安。因此，他们往往会把这份恐惧归咎于基因——"没办法，我天生胆小"，这样的归因究竟有没有道理呢？

美国埃默里大学的研究人员，曾进行过一项实验：他们先让雄性老鼠嗅苯乙酮的味道，然后对这只雄性老鼠进行电击。在经典条件反射的作用下，老鼠以为疼痛感来自苯乙酮的气味，就对这种味道产生了恐惧感。

后续的研究发现，这只雄性老鼠的后代，即便生活环境跟父辈不一样，也未曾接触过苯乙酮，但它们也会对苯乙酮的味道产生恐惧感，每次嗅到这种气味就会发抖。与此同时，

研究人员也用雌性老鼠进行了类似的实验，结果发现，雌性老鼠的后代也对这一味道产生了恐惧心理。

研究人员还发现，老鼠对气味的恐惧，不仅可以通过自然繁育的方式遗传给后代，人工授精、交叉抚育的后代，也同样对苯乙酮的气味感到恐惧。他们甚至发现，老鼠们对气味的恐惧一直延续到了第三代，也就是孙子辈，这似乎印证了恐惧基因可以隔代遗传。

另外，研究人员又利用脚步声作为条件刺激对老鼠进行实验，结果发现：对脚步声感到恐惧的老鼠的后代，会比其他老鼠更容易对脚步声产生恐惧心理。对老鼠进行新的恐惧刺激没办法消除原有的恐惧刺激，这说明老鼠已将对某种刺激的恐惧保存在了大脑中。

在动物身上进行的实验证明，恐惧感和基因之间存在直接关系。后来，国外的研究者通过实验发现，人类也存在相似的情况：在"二战"期间有过紧张、恐惧不安的生活经历者，其后代患有恐惧症等精神障碍的比例高于其他人的后代。

既然恐惧感和基因有关系，那能不能就此认定，如果一个人有了产生某种恐惧感的基因，就一定会患上某种恐惧症呢？答案是否定的！

基因遗传只是为人类对某种事物产生恐惧心理提供了可能，但可能不等于事实，决定其是否会成为事实的是人类后天的行为。所以，恐惧心理并非都因为"天生胆小"，对某种事物感到恐惧，更多的是受到了生活经验的影响。

1. 过往的经历

根据条件反射原理，人类的恐惧感是从过往的经验中习得的。如果有一种令人恐惧的刺激反复出现多次，就会形成条件反射，那些令人恐惧的刺激就成了恐惧的对象，比如个体长期生活在充满暴力的家庭环境中，在遇到冲突和争吵时，就会感到焦虑和恐惧。

2. 沉重的压力

压力是个体在心理受到威胁时产生的一种负面情绪。当我们背负着沉重的压力时，会觉得自己很脆弱，面对原来不害怕的事情时也会变得畏畏缩缩，感觉无力承受，对自己和周围的环境都缺乏信心，无法排解内心的苦闷。

3. 他人的影响

恐惧心理是会相互影响的，儿童的恐惧反应大都是从父母那里习得的，如果父母对某一种事物存在强烈的恐惧感，孩子就会认为这个东西很危险，从而表现出和父母一样的恐惧。

恐惧会在人际关系中"传染"。比如有的孩子目睹了小伙伴"晕针"的情景后，也开始对打针产生恐惧感，之后一遇到要打针的情形，就会感到焦虑和紧张，甚至会在打针时也出现"晕针"的情况。

4. 负面的信息传播

身处互联网时代，每天要接触海量的信息，其中有些信息是带有误导性的，无论是无心之举，还是为博流量制造的噱头，都可能给人带来恐慌。

认识到恐惧心理与上述的生活环境因素有关，有助于焦虑型人格者正确理解自己的恐惧感。在对某一事物感到焦虑和恐惧的时候，你不妨回想一下：这种恐惧感最初是从哪儿来的？为什么你会对这一事物感到害怕？是创伤使然，还是受他人或认知偏见的影响？找出具体的原因，往往就能够放下对恐惧的偏见，并更有针对性地寻找减缓恐惧的方法。

2 无视恐惧的存在，就是"勇敢"吗

心灵成长 2：无视恐惧也是逃避

托尼一直对水感到恐惧，可他又想学习游泳，朋友知道了托尼的情况后，提出要帮他克服对水的恐惧。然而，朋友用的方式超出了托尼的意料——朋友直接把戴着背漂的托尼推进了

泳池，还给他喊口号加油："直面你的恐惧，你肯定能打败它！"

你觉得这种做法能帮托尼克服对水的恐惧吗？想想就觉得可怕，直接把怕水的人推进泳池，这哪里是帮他克服恐惧，完全是在给他制造创伤，让他对水产生更强烈的不安全感。也许原来他还敢站在泳池边，有跃跃欲试的冲动，但在有了这样的经历后，他却连靠近也不敢了，生怕再被什么人有意或无意地推进泳池，面临一番"生死挣扎"。

虽然只是一个假设，可现实中不少人都在用这样的方式应对恐惧，认为硬着头皮去面对，就可以打败恐惧。其实，这种做法既不明智，也不管用，它往往会造成两种后果：第一，打击自信心；第二，影响身心健康。再退一步说，就算怕水的托尼最后真的学会了游泳，他也可能会对游泳这件事产生抵触心理，更可能会对推自己下水的朋友产生不信任感。

对任何人来说，面对恐惧都是一件痛苦的事情。心理学家安东尼·冈恩在《与恐惧共舞》一书中提到，人们在处理恐惧时，通常会有以下三种反应。

1. 弱反应：忽略、无视恐惧的存在

弱反应者把恐惧看作是破坏性的，试图完全忽略它，无视它的存在。他们误以为，只要无视恐惧和恐惧带来的那些风险，那么一切问题就都能迎刃而解。这种假设让他们产生了一种错觉，即以为自己是安全的。弱反应者经常会把这样的话挂在嘴边："别担心""能有什么事""没什么可怕的"。

2. 过度反应：焦虑不安，极端情绪化

过度反应者经常感觉自己被无尽的恐惧包裹，内心焦虑不安，找不到任何解决方法，显得格外无助。他们仅仅因为想到了可能会发生的最坏结果，就变得极端情绪化，丧失理智。他们经常说的话是："那太可怕了""我没办法解决""一切都会变得很糟"。

3. 驾驭恐惧：聆听恐惧，利用恐惧

这是恐惧专家常用并推荐的方法，既不试图忽视恐惧，也不完全排斥恐惧，而是将其视为正常现象，以驾驭的方式寻求改变。他们会积极地聆听恐惧、利用恐惧。驾驭恐惧者最常说的话是："害怕是正常的""恐惧想告诉我什么""恐惧是一件好事"。

在应对恐惧时，不存在绝对的弱反应者和过度反应者，多数人会在两者之间摆动。有些人害怕坐飞机，但对车祸的恐惧并不强烈。安东尼·冈恩强调，弱反应和过度反应的分类，并不是为了划分一个人的性格，而是为了弄清楚当事人在面对恐惧情形时的行为，因为人的行为会根据实际情况而有所不同。

弱反应和过度反应是应对恐惧的两种消极方式，其共性就是试图用逃避来打败恐惧。这几乎是不可能实现的，埋藏恐惧并不代表恐惧会消失，这只是暂时性的应急方法，没办法解决恐惧提醒我们去解决的实际问题。

怎样才能正确而有效地驾驭恐惧呢？安东尼·冈恩给出的建议是，把恐惧当成力量！

你可能会觉得不可思议，这可能吗？毕竟，我们在感到恐惧的时候，会产生不适的反应。有这样的疑惑是正常的。哥伦比亚大学心理学博士、恐惧研究专家斯坦利·拉赫曼指出：人们总是倾向于把恐惧和各种痛苦的经历联系在一起。这些痛苦的联想，也许是身体上受过的伤，也许是情感上体验过的羞耻感。

现在我们换一种方式去思考这个问题：无论是害怕承受身体上的痛苦，还是遭遇情感上的伤害，恐惧的出现都是为了保护我们，让我们提高预警水平，意识到有这样的风险和威胁存在。当我们把恐惧当成一种保护机制时，就会减少对它的厌恶与排斥。

至此，你可能理解了安东尼·冈恩所说的"把恐惧当成力量"，其核心就是改变对恐惧的看法：你可以将恐惧视为不好的阻力，也可以将其视为能让自己获益的积极动力，不同的看法有着不同的效果。

假设你即将进行一个重要的演讲，而你的身体却开始不受控地产生恐惧反应。这个时候，你越是极力地想保持镇定，隐藏这份恐惧，恐惧反而越会变本加厉，它会让你喉咙干涩、手心冒汗、想去厕所……不管你怎么安慰自己，都很难削弱恐惧反应。

面对这样的情形，你该怎么办呢？

你要对自己保持诚实，接受自己为即将上台演讲感到恐惧的事实。不要故作镇静，隐藏真实的心理和生理反应。要知道，隐藏恐惧会耗费巨大的精力。你可以试着大胆地承认它、公开它，如此一来，那些被用来隐藏和无视恐惧的力量就会瞬间恢复。

完成了这个过程后，你会意识到每个人处在这样的境遇下，都会有和你一样的反应。重建了这样的认知，你在心理上就会获得极大的放松，也更容易集中精力去关注演讲本身，不再为逃避和隐藏恐惧而内耗。

3 怎样控制自己对恐惧的生理反应

心灵成长3：用享受和鼓励替代排斥

英国有一位名叫吉姆·吉尔波特的网球明星，曾经目睹了母亲去世的过程，这件事情成了她心里难以抹去的阴影，后来甚至毁掉了她的整个人生。

吉尔波特年幼时的一天，她的母亲感觉牙疼得厉害，就带着她一同去看牙医。医生当即决定给吉尔波特的母亲进行一个小型的牙齿手术。其实，吉尔波特的母亲早就患有心脏病，只是她一直都不知道。结果，在手术的过程中她突发心脏病，死在了手术台上。

吉尔波特目睹了这一幕，幼小的心灵受到了巨大的打击。自那以后，每次牙齿有些轻微的疼痛，甚至是每次看到牙医时，她都会感到莫名的焦虑和恐惧。渐渐地，她把"牙"和死亡联系在了一起，以至于后来她牙齿有了毛病，也不敢去找牙医。有一次，她实在被牙齿的剧痛折磨得难以忍受，才肯让牙医来到寓所为自己诊治。

开始治疗前，她紧张地坐在长椅上，看着牙医收拾手术器械的背影。剧烈的恐惧感让她睁大了眼睛，呼吸也变得越发急促。一切准备就绪后，牙医转过身来，却惊讶地发现，吉尔波特已经停止了呼吸。

这件事曝光后，外界一致认为吉尔波特是被自己的意念杀死的。母亲的意外之死让她不敢面对所有与牙有关的东西。她不断地用消极的意念暗示自己，最终被一个小小的牙科手术"吓死"了。

在面对令自己恐惧的情形时，每个人都会感到不安和不适，并想尽快摆脱它，因为这些生理反应会让人虚弱无力、无法控制。遗憾的是，越是试图反抗、阻止这些恐惧带来的生理反应，越会让这些反应变得强烈。

在被海鳗咬住的时候，多数人会选择本能地抽手，结果却被海鳗那如针尖般的倒钩型牙齿咬断了手。那该怎么办呢?一位潜水专家解释道:"如果一条海鳗咬住了我,我是一定不会拼命把手抽回的,相反,我还要跟着它走,即便它会把我拖到洞前,即便这令我胆战心惊。因为,海鳗一旦咬住了你,就不会轻易松口,你的反抗反而会让它咬断你的手,除非你顺从它,直到它自己愿意松口。"

想让海鳗松口,得先忍住疼痛不抽手;想驾驭恐惧,也得先接受恐惧带来的不适感。试图赶走恐惧的生理反应的做法,只会导致自己更加受制于它。所以,不妨换一种方式,用享受和鼓励替代抗拒与排斥,以获得一种重新掌控这些生理反应的感觉。

当你因为演讲而心跳加速时,你可以对自己说:"第一次上台演讲,我的确有些害怕,但我知道,多数人都会如此,这是正常的反应。"当你双手颤抖时,你也可以这样告诉自己:"哇,我竟然紧张得双手都开始颤抖了!看来,我是真的很紧张、很害怕……不过,既然它想颤抖,那我就看看,它到底能颤抖得有多厉害!来吧,双手,颤抖得更厉害一些吧!"

现在,不妨想象一个相对轻微的你不敢面对的情况。

在面对这种情况时,你决定如何看待它?

_____

_____

你准备对恐惧感带来的生理反应说些什么?

_____

_____

4 感到恐惧的时候，你可以试着说出来

心灵成长4：分享恐惧

感到恐惧时，多数人会把这种感受藏在心里，不敢表现出来，更不会向他人求助。人们之所以会这样做，一是觉得没必要让别人知道自己在担心什么；二是不想让自己看起来那么软弱、经不住事儿，想独自一个人处理好所有的问题。

其实，隐瞒内心的恐惧，反而会让恐惧持续更久。虽然故作镇静，没有将恐惧表现出来，但它可能会以其他的方式出现，如引发焦虑症、抑郁症等，更有甚者还会危及生命。我们需要认识到，并非只有弱者才会感到恐惧，分享恐惧也不是脆弱的表现。事实上，如果你真的有勇气向他人说出自己的恐惧，随之而来的将是轻松和力量感。

战术应变小组是一支训练有素的警队，主要负责突围行动、打击恐怖袭击等任务。这个小组中的一位成员，曾经谈到与队友们分享恐惧的重要意义：

"在应战组，我们从不单独行动，总是全组一起出任务。如此，在行动的时候，我就不用分心去留意背后的情况，这让我感到信心十足。我们都知道，彼此可以信任，且能够从

对方身上获得力量。我们的工作非常危险，靠肾上腺素生存，每天都处于生死攸关的境况，不知道今天是否就是生命的最后一天。所以，能够分享恐惧对我们很有益处。

"那时候，我的孩子都很小，每次出任务时，我都害怕自己一去不回，让他们失去父亲。这让我感到恐惧，虽然这不像是应战组的风格。我们必须在面对危急的突发状况时，在前线保持无畏的形象，可其他警官和我一样，同样心存恐惧。很多人体会不了我们的恐惧，所以我们只能跟队友分享。在分享时，我同时也能知道他们也会恐惧，并了解恐惧是正常的。分享恐惧，让我能够保持理智，控制恐惧，而不是被恐惧压倒。"

安全监控专家史蒂夫·凡·兹维也顿曾说："如果你和整个团队一起面对，事情就不至于陷入到任何人必须选择逃跑或战斗的境地。"

在生活中和信任的人分享恐惧，可以有效地减少试图隐藏恐惧的张力；当恐惧通过语言表达出来时，我们也可以从不同角度完整地看清恐惧，深入地看待问题。当你听到恐惧被大声说出来时，你会对自己的恐惧产生不同的看法。当然，你不一定非要说出来，用文字书写也是可以的。现在，你不妨与自己信任的人分享一个小小的恐惧，以此作为练习，体验一下说出恐惧给自己带来的力量。

5 怎样克服对特定事物的恐惧

心灵成长 5：强迫暴露或系统脱敏

说起"杯弓蛇影"的故事，多数人不会陌生。

晋朝有一个叫乐广的人，他在河南做官时，曾经邀请朋友到家中做客。有一位朋友不知何故，在一次聚会饮酒后，很长时间都没有再到访。乐广以为是自己招待不周，怠慢了朋友，就主动找到好友询问原因。

这一问才知道，上次朋友在席间正端起酒杯要喝酒时，忽然看到杯子里有一条蛇，把他吓坏了。只是，他当着乐广的面又不好失态，就强忍着惊恐喝下了那杯酒。那天回家后，他就生了一场大病，至今想起仍然心有余悸。

乐广听后哈哈大笑，再次邀请好友来家里做客。这一次，依旧是同样的位置、同样的酒、同样的杯子，好友端起酒杯后，又看到了上次的那条蛇。他惶恐万分，在一旁看着的乐广微笑不语，用手指着好友上方。好友抬头定睛一看，自己也忍不住笑了。原来，他的头顶悬挂着一张弓，弓背上有一条漆画的蛇。疑团解开，好友释然，心病也好了。

随着心理学的普及和发展，重读这个故事时，很多人已经不再会嘲笑乐广的朋友胆子小，而是清晰地认识到，他的心病源自对特定事物（蛇）的恐惧。

对特定事物的恐惧，就是没有明确理由地对特定物体或场合感到害怕。

人类有趋利避害的本能，焦虑和恐惧本就是对潜在威胁的一种预警。当危险或潜在危险发生时，人会本能地躲避和远离，继而对恐惧的相应场景或事物产生抵触的情绪和回避的行为。当这种恐惧感被放大后，抵触和回避也会变强，于是对特定事物的恐惧就产生了。

每个人在生活中都会或多或少地对不同的事物和情景感到恐惧和焦虑。比如：爬山的时候，特别害怕空中旋梯，不敢站在山顶往下看；特别害怕狗，远远看见小狗都紧张得不行，甚至要绕路走；害怕水，或是有密集恐惧、幽闭恐惧……这些恐惧称不上临床意义上的恐怖症，因为它们并没有严重到影响日常生活。比如：有些人虽然恐高，但只要不从高处往下看，离高层窗户远一点，就可以安然无恙；有幽闭恐惧的人，坐不了电梯，但可以爬楼梯，只是费点时间和体力而已。

恐惧某些特定的事物是很正常的，避开刺激源是一种选择，但有没有更好的方法来战胜恐惧呢？心理学家证实，强迫暴露法和系统脱敏法，可以让我们内心的恐惧慢慢减退。

1. 强迫暴露法

让当事人暴露在自己恐惧的场景中，真实地感受到自己的恐惧，使其意识到自己的恐惧是完全没有必要的，以此来达到战胜恐惧的目的。

妮妮特别害怕虫子，每次和家人或同学去爬山，她都会悬着一颗心。她在爬山时总是小心翼翼的，不敢不看路，又怕看到路上有虫子；一旦看到虫子，她浑身就会起鸡皮疙瘩，甚至不敢睁眼。

得知妮妮的情况，朋友提议陪同妮妮试着在山里观察虫子，以提升她对虫子的"免疫力"。最开始，妮妮紧闭着眼睛，整个身体都是僵硬的，朋友鼓励她睁开眼，透过眯着的缝隙，妮妮看见了地上的虫子，顿时惊恐万分。过了一会儿，妮妮完全睁开了眼睛，看到那条虫子在地上趴着，似乎没有刚刚那么可怕了。朋友鼓励她继续观察，就这样，妮妮又观察了20分钟左右。在这之后，妮妮对虫子的恐惧感降低了很多。

强迫暴露法会让你在短时间内感受到极大的恐惧，但只要强迫自己停留在那个恐惧的场景中，经过一段时间之后，你就会发现自己所处的环境并没有想象中那么危险，恐惧感也会随之慢慢消退。这种方法并非尝试一次就能起效，有时需要连续运用几次，才能慢慢战胜恐惧。

2. 系统脱敏法

这种方法是心理学家沃尔普提出的，旨在逐一战胜让自己感到恐惧的事物。

（1）列出令你感到恐惧的事物，并按照恐惧程度进行排列，把最恐惧的事物放在第一位，然后以此类推。

（2）从最后的一项，也就是轻微恐惧的事物开始，在完全放松的情况下想象这个事物，完全投入到这个场景中，直至恐惧感完全消失。

（3）继续想象倒数第二项事物，完全投入到这个场景中，直至恐惧感完全消失。循序渐进地战胜所有令自己感到恐惧的事物。

PART 6

你想逃离的是人群,还是负面的评价
——找回做自己的勇气

1 为什么我不能像别人一样从容

跳出桎梏1：有社交焦虑很正常

焦虑型人格者很敏感，总是活得小心翼翼，尤其是在社交场合中，他们可能会瞻前顾后、左思右想，有些人还会出现脸红、出汗、身体紧张等反应。他们厌烦这样的表现，甚至会在内心深处抱怨：为什么我不能像别人一样从容呢？

如果你也有类似的想法，请你暂且放下自我厌恶，了解有关社交焦虑的真实情况。

有一项调查显示，大约有10%的人被社交焦虑困扰，约40%的人认为自己很害羞，这些都是社交焦虑的表现形式；如果把问题再扩展一下，询问人们在生活中的某些时刻是否感到过害羞，回答"是"的比例会飙升到82%！在特定的情境下，99%的人会体验到社交焦虑，只有1%的人（包括心理变态）从未体验过社交焦虑！

看到这些数字，你可能会松一口气。存在社交焦虑的不止你一个人，你也不必为之感到羞耻和难堪。有社交焦虑很正常，因为社交焦虑是分层级的，不同人的社交焦虑表现和强烈程度不一。通常来说，社交焦虑对人的影响，主要体现在生理、情绪、思维和行为四个方面。

1. 生理

感到社交焦虑时，会出现比较明显的焦虑体征，如脸红、出汗、发抖；心理上感到紧张，身体有疼痛感，没办法放松下来；严重时会感觉头晕目眩、恶心呕吐、呼吸困难。

2. 情绪

紧张、焦虑、恐惧、担忧是社交焦虑者普遍存在的情绪反应，当事人还会对自己、对他人感到失望或愤怒，产生消极、自卑的情绪以及对现实的无力感。

3. 思维

反复回想自己说过的话、做过的事，过分在意他人对自己的看法，很难集中注意力或回想起别人说过的话；过度担忧可能会发生的风险，大脑经常一片空白，无法正常思考。

4. 行为

尽可能地回避复杂的社交场合或情境，如果必须出席或参与，会选择待在"安全区"，与"安全"的人交谈，讨论"安全"的问题，害怕成为别人关注的焦点。在与人接触或交谈时，会闪避对方的视线。

上述症状不能够完全涵盖社交焦虑者的全部感受，有些时候，他们还可能会以一些隐秘的方式来规避社交焦虑，具体表现如下。

1. 躲避行为

○ 不敢独自进入人多的房间，需要他人陪同。

○ 聚会时充当"服务人员"，如主动收拾物品，以避免与人交谈。

○ 看到一个让自己感到焦虑的人走过来时，立刻转身回避。

○ 发现别人看着自己时，会停下手中正在做的事。

○ 不敢在公共场合吃饭。

2. 安全行为

社交焦虑者在与他人相处时，经常会感到强烈的不安，却又说不出具体在紧张什么，因而总是感觉无所适从。为此，他们会做出一些让自己感到安全的行为，以避免引起他人的注意。

○ 默默"演练"自己想说的话，反复检查是否有漏洞。

○ 说话很慢，声音很小；或者语速飞快，中途没有停顿。

○ 试图把手或脸藏起来，用手掩着嘴。

○ 用头发遮住自己的脸，或是用衣服遮挡一些特定的身体部位。

○ 穿着十分体面的衣服，或是从不穿会惹人注意的衣服。

○ 不跟其他人谈论自己的事情和感受。

○ 不敢表达个人意见，不能完全参与互动。

3. 自我批判

社交焦虑者特别在意自己的言行，每一次互动后，他们都会反思自己和他人的互动过程，并把注意力放在自己可能做错或让自己感到尴尬的事情上，不断揣测别人对这些事情的看法和反应。这些揣测会让社交焦虑者变得消极，因为他们会在内心进行一场严苛的自我批判：

○ "我怎么这么笨！"

○ "我怎么会说那么愚蠢的话！"

○ "我刚刚看起来就像是一只笨拙的鸭子！"

○ "他肯定觉得我特别傻！"

○ "我真是没救了！"

社交焦虑者的紧张不安，与担心遭到他人的指责和批评有很大的关系。不少社交焦虑者觉得，一旦别人了解了自己，肯定就会对自己避而远之，即使他们本身并没有什么问题，但这种负面的信念还是会促使他们隐藏起真实的自己。

掩饰真实的自己是一件消耗心力的事，也会加重社交焦虑者的消极情绪。从短期来看，它会妨碍一个人正常地做自己想做的、能做的事；从长期来看，它会让人在工作、生活、人际关系等各个方面都受到不良影响。

2 你从什么时候开始变得害怕社交

跳出桎梏2：找到社交焦虑的根源

吉莉恩·巴特勒在《无压力社交》中指出，导致社交焦虑的原因是复杂、多面的，需要从几个角度来讨论。

1. 生物因素：高敏感的人容易社交焦虑

在同样的情形和刺激下，每个人的神经系统感受到的刺激强度存在差异，有些社交焦虑者天生具有高敏感的特质，他们能够感受到被其他人忽略掉的细节。

焦虑和遗传因素也有关系，如果父母都存在焦虑的问题，那么子女患有焦虑障碍的概率也会增加，只是孩子的焦虑类型不一定跟父母一样。

2. 环境因素：在生活经历中习得社交知识

没有人生来就习惯进行消极的猜想。在成长过程中，个体会将自己所遇到的评价方式内化成自身的价值观与思考问题的模式。

个体最初的社交知识是在家庭中习得的，包括在社交过程中，哪些行为是被允许的，哪些是不被允许的；怎么做才能够获得他人的喜爱，怎样做又会遭到他人的拒绝；被爱和不被爱，分别意味着什么。个体借由这些经验，形成了他人对自己看法的信念和猜想。

（1）如果一直被接纳、被尊重，被允许按照自己的意愿与人交流，个体就能体验到自我价值感，形成良好的自尊和自信，即使日后在人际关系上遇到挫折，也可以从容面对。

（2）如果一直被苛责、被排斥，个体就会形成低自尊，日后在与其他人交往时也容易对自己的能力和吸引力产生怀疑，过度在意别人对自己的看法和回应。

3. 创伤经历：糟糕经历留下的心理阴影

创伤性经历对人的伤害，不仅产生在发生的那一刻，还会在事情过去之后给人留下阴影。不少社交焦虑者反映，他们之所以会对人际交往产生恐惧和不适，是因为成长过程中有过一些不好的经历，如遭受校园欺凌、被孤立，因肥胖、长雀斑等问题遭到嘲笑。当糟糕的经历多次重复、长期持续，人就会感觉自己遭受了明显的歧视与残忍对待。

简小姐来到新公司已经3个月了，可是每次走进办公室，她还是会感到不自在。

办公室是开放式的，40多人在同一个楼层，工位之间以玻璃相隔。在原来的公司时，简小姐习惯"躲"在角落。可是，现在的她无处可"躲"，这样的办公布局明显加重了简小姐的焦虑，她太害怕被人凝视了。

周五的例会结束后，同事们纷纷讨论起"加班和休假"的事。一个同事问简小姐："你觉得把8小时加班时间积累成一天假期，这样安排如何？"简小姐与这位同事不太熟悉，面对突如其来的发问，她的大脑一片空白，不知道该说什么。她甚至有点懊悔，怎么没早一点离开会议室，这样就能避免尴尬了。

简小姐以为所有人都在盯着自己，就微微抬头看着天花板，回避别人的目光。沉默片刻后，她小声地回了一句："挺好的！"讨论随之展开，可是简小姐完全不在状态，她觉得自己刚刚表现得很羞怯、很蠢笨，也很尴尬。内心深处好像有一个声音在指责她——"你真是太没用了，连一个简单的问题都应对不了，还怎么在职场里待呀！"

你认为简小姐感到焦虑不安的真正原因是什么？

结合当时的情境来看，产生焦虑的直接原因是一位不太熟悉的同事问了她一个问题，她以为所有人都在凝视自己，准备对自己的回答进行审判，这让她感到很不自在，无法进行理性思考。在这种情绪状况下，她回答问题时的样子显得有些羞怯。因此，对自己感到失望和愤怒。

但是，这并非诱发简小姐社交焦虑的根本原因，只能被称为一个"导火索"。如果她想从根本上改善这一情况，一味地逃避是没用的，她必须学会向内寻找答案：

○ 我从小生活在一个什么样的家庭中？

○ 我经历过哪些给自己带来压力、焦虑和恐惧的人际交往事件？

○ 是什么让我感觉自己在说话时一定会被别人凝视？

○ 回答问题后的那种尴尬、自责和愤怒，让我想起了过往的哪些时刻？

当你在某些情境下产生社交焦虑时，不妨和自己进行一次认真的对话，看看困扰你的社交焦虑从何而来。无论工作、生活还是自我疗愈，看到本质都是解决问题的第一步。

3 总担心被人看到自己的不足

跳出桎梏3：接纳不够好的自己

美国侦探小说家帕特里西亚·海史密斯在其代表作《天才雷普利》中，成功地刻画了一个内外相斥的人，他就是主人公雷普利。

雷普利是一个颇具才华的青年，有野心、有抱负、有能力，擅长伪装，会模仿任何人的笔迹和声音。他渴望成功，渴望金钱，渴望权力，渴望地位，只是这些他都不曾拥有，倒是船王的儿子迪奇，过着他想要的生活。

雷普利羡慕迪奇的人生，他不想让任何人知道自己的贫穷和卑微，尤其是他心仪的富家女梅尔蒂。于是，他慢慢地融入了迪奇的生活，并为他的生活形态所迷惑。在无法说服迪奇回国后，欲望让雷普利失去了理智，他杀死了迪奇，并设计圈套从船王手里得到了一大笔钱，以迪奇的身份开始生活。就在雷普利陶醉于自己亲手打造的美梦时，他因一次意外的巧合露出马脚，引起了警方的怀疑……

雷普利竭尽所能地去伪装他人，从心理学上说，他是不敢面对真实的自己，不认同真实的自己。文学作品总有夸张的成分，现实中像雷普利一样自我否定到近乎病态的人并不多，但和他一样不愿意接受自我的人却并不少见。

小K的能力和样貌都很出众，唯独手上长着一块极其丑陋的胎记，拇指也长得又粗又短。如果单看她的那只手，很难跟她本人联系在一起。因此，她总是刻意回避那些可能会被别人关注到那块胎记的情境。

有一次，公司收到国外客户寄来的一些样品，在跟同事一起把东西往总裁办公室挪的时候，小K发现同事的眼睛似乎在盯着她的手。她一下子就慌了，赶紧把手往包裹的下方挪，企图把拇指和胎记掩盖起来。结果，这一慌就出了岔子，东西掉在地上摔坏了。

不久之后，公司派小K向媒体演示新开发的产品，没想到计算机中途出了故障，只能找一个人跟她搭档进行演示。这让小K很为难，因为她的手每碰一下鼠标，每敲击一下键盘，每做一个手势,都可能会让身边的搭档看到自己手上的缺陷。

小K一直想着这件事,以至于在发布会上根本无法专心演示,且动作看上去僵硬极了,与这个新产品倡导的"流动的科技"形成了巨大的反差。演示完毕后,台下的人没有感受到产品的新颖之处,而是纳闷为何这么一个有实力的大公司,非要让一个表情僵硬、逻辑混乱、表达不清的人来做演示。

有一天,小K向总裁汇报完工作,总裁突然说起了她最忌讳的事:"你手上的是胎记吧?"她慌忙把手往后藏,脸色大变,含糊地"嗯"了一声。总裁意味深长地说:"我身上好几块呢!这可是每个人独一无二的标志啊!"

听到总裁这样说,小K很惊讶,但也感觉不那么紧张了。她第一次向他人敞开心扉:"这块胎记是我的心病,一直害怕别人看见和谈论。"当她把胎记和短粗的拇指暴露在总裁眼前的时候,总裁笑着说:"你不觉得这块胎记有点像一颗心吗?"接着,总裁又看着她的拇指说:"我们老家有个说法,长着这样拇指的人是富贵命。"

小K一直以为,把缺陷摆在他人眼前定会遭到取笑,听到总裁这样说,她才意识到,这不过是她自己的想法罢了。自那以后,她开始慢慢放下自己的顾虑。事实证明,没有谁嘲笑她,别人对她的态度和从前没什么两样,而她自己的变化却很大。当她不再纠结于自己的胎记和拇指后,她工作起来更专注了,做事也比以前更好了。

谁都会有缺点和不足,无论是性格、能力上的,还是身体上的，但这不过是生命中的某一方面，它代表着你，但不代表你的全部。我们要接纳完整的自己，而不是删减后的自己。

4 动不动就脸红，真是太窘迫了

跳出桎梏 4：掌握克服害羞的方法

害羞是人类共有的一种特质，几乎每个人都有过害羞的体验。初次来到一个新的环境，结识新的人，每个人都可能会有一点儿拘谨，不过随着时间的推移，大部分人会慢慢放松下来。在接受调查的人中，有 80% 的人表示，他们曾经或正在经历害羞，甚至经常感到害羞。

害羞有轻重之分，在某些特定的情况下感到害羞是正常的，对于这种害羞不必过分在意。但是，如果当事人的害羞致使他们在社交过程中出现了下列状况，那就不是单纯的拘谨了，而是社会适应能力不足的表现。

○ 过分关注外界对自己的反应。

○ 很难结交朋友，或是很难享受可能原本美好的经历。

○ 不敢维护自己的权利，不敢表达自己的想法和观点。

○ 无法进行清晰的思考，或是进行有效的交流。

○ 很难让别人对自己的优点作出积极的评价。

○ 经常会体验到挫败、担忧、孤独等消极情绪。

我们难以用一个明确、标准的描述来定义害羞，因为不同的文化、不同的人对害羞有着不同的理解，且一个人的外在行为并不总能准确地反映出他是否害羞。有的害羞者表面看起来镇定自若，但内心却像一条拥挤、混乱的公路，处处堆积着感情碰撞和被压抑的欲望。

对于害羞的成因，不同的学派给出了不同的解释，为我们理解害羞提供了多种视角和思路。

○ 人格特质学派：害羞是一种遗传特质。

○ 行为主义学派：害羞者尚未学会与他人交往的技巧。

○ 精神分析学派：害羞是个体潜意识中内心冲突的外在表现。

○ 社会心理学家：害羞是个体在社会生活中被贴上的标签，即自认为害羞，或是被他人认为害羞。

无论害羞是怎么产生的，对社交焦虑者来说，最迫切想知道的是，怎样才能在社交中降低自己的害羞程度，别动不动就脸红、手抖？

1. 提高自我意识，重新认识自己

请你认真思考以下问题：

○ 你树立的自我形象是怎样的？

○ 这种形象受你的控制吗?
○ 别人对你的感觉与你想带给别人的感觉是一致的吗?
○ 当好事发生时,你认为是运气使然,还是努力的结果?
○ 童年时代,父母或他人对你产生了怎样的影响?
○ 你认为生活中哪些东西是重要的?哪些是不重要的?
○ 有什么东西能让你心甘情愿牺牲自己的生活?

思考这些问题,能够提高个体的自我意识。害羞的社交焦虑者最核心的问题就是过度关注他人对自己的负面评价。如果你有严重的害羞问题,那么你需要增强自我意识,重新认识自己,最终接纳自己内在的形象,让他人接纳自己的外在形象。

2. 思考过往的经历,进行积极的尝试

试着给自己写一封信,描述你第一次感到害羞时的情境:
○ 当时有什么人在场?
○ 你产生了什么样的感觉?
○ 这次经历让你作了怎样的决定?
○ 有没有人说过一些让你感到害羞的话?
○ 现在回想,你认为当时是否存在误解?
○ 重新描述一下,真实的情况是什么样的?
○ 害羞让你付出了什么样的代价?
○ 你试过用哪些方法应对害羞和焦虑?效果如何?
○ 你认为怎样做才能产生积极、可持续的效果?

选择一个自己渴望却因为害羞未能实现的目标，制订一个详细的计划，把全部精力用在实现这个目标上。记住：先去做，再去评价自己的实力。

3. 理性地与他人比较，学会自我肯定

多数害羞者存在低自尊的问题，对负面评价极度敏感，且会将其归咎于个人能力不足。要走出低自尊，需要理性地与他人进行比较，认识到别人的生活与自己无关，学会自我主宰和自我肯定。

○ 写下自己的优缺点，据此来设定目标。

○ 抛却人格特质，找出影响你自尊心的因素。

○ 提醒自己每件事情都有两面性，事实从来不是唯一的。

○ 永远不要说自己不好，更不要给自己贴上攻击人格的标签，如"笨蛋""蠢货"等。

○ 不费心容忍那些让你感到不舒服的人、事、环境，若不能改变，可以置之不理。

○ 别人可以评价你，但不能践踏你的人格。

○ 你不是倒霉蛋，也不是一文不值的人。

4. 掌握放松的方法，提升社交技能

社交技能就像一种社会适应"肌肉"，需要时常训练才能变得更强壮。如果害羞者能够掌握一些社交技能，就能有效减少社交焦虑。

○ 如果当面交流比较难，可以试着电话沟通，锻炼自己的胆量。

○ 与在街道、公司或学校里见到的每一个认识的人打招呼，微笑问好。

○ 试着用赞美对方的方式开启一段交流，如"你今天的衣着很显气质"。

在信息高度发达的今天，你完全可以通过网络或书籍学习各种社交技巧。当然，最重要的是鼓起勇气，将它们付诸实践。

5 害怕建议和评价，总有一种危机感

跳出桎梏5：正确处理他人的评价

下面有几道简单的测试题，请选择最符合你的答案：

（1）当你要介绍自己的新方案时，你是否会设想自己得到的反馈都是负面的？

A.我通常会设想得到积极的反馈，因为我认为自己的能力还不错。

B.我担心会得到负面反馈，但不会因此沮丧和停滞。

C.我害怕得到负面反馈，常常设想这种情况发生。

（2）老板夸赞你工作做得好，但指出有一处待改进的地方，你的反应是什么？

A.我会努力完善自己，力求做得比现在更好。

B.我很高兴整体评价是好的，但那个负面评价也让我有点不舒服。

C.那个负面的评价，困扰了我好几天。

（3）你很容易把负面评价理解为针对自己的批评吗？

A.我不会把评价当成针对我个人的批评。

B.我会把评价当成针对性的，但我有觉察能力，不会让自己较真。

C.我会把负面评价当成针对个人的，认为对方不喜欢我，对我的表现不满意。

如果你的选择多半是"A"，说明负面评价对你的影响并不是很大，你可以理性对待，不会小题大做；如果你的选择多半是"B"，说明你在意负面评价，但并不总是把它们当成针对个人的，只是偶尔为之；如果你的选择多半是"C"，说明你对他人的评价十分敏感，且经常预期获得的评价是负面的，很容易为此感到焦虑。

对于惧怕负面评价的社交焦虑者来说，如何才能让自己变得轻松一点呢？

1. 调整对负面评价的看法

获得负面评价总是一件糟糕的事吗？不一定，负面评价也能给人带来益处，比如获得全新的见解、对事情有更全面的认识、得到切实有用的建议等。

现在，你可以思考过去发生过的一个具体事件，在这个事件中，负面评价发挥了积极的效用，让你获得了益处。这个练习有助于改善你对负面评价的消极看法。

2. 了解逃避评价带来的损失

当你逃避评价时，你避开了焦虑的体验，但也可能错过了成长和进步的机会。现在，你可以试着思考下面的这些问题，帮助自己更好地面对负面评价。

○ 你是否最初不愿意接受评价，后来发现如果早一点接受他人的建议，可以少走弯路？如果有的话，什么时候发生过？当时的情况是怎样的？

○ 你是否曾经逃避评价，后来发现自己担心的负面评价根本不是事实？你在不必要的担忧上花费了多少时间？当时的你有怎样的感受？

○ 你是否体会过预期中的负面评价成真了，但负面影响并没有你想象中那么糟糕？你是否有顿悟的体验，发现修正问题比想象中容易很多？

○ 你是否曾经为了逃避负面评价，错过了一些很好的机会？

3. 觉察自己因猜测产生的恐慌

给上司递交了一份调职申请，上司说"过几天给你答复"，也许是他这两天没有时间看，也可能是需要慎重思考……然而，焦虑型人格者却会臆想对方可能是"不同意"或"厌恶我"，因为他们习惯对模棱两可的信息进行过度解读。所以，在面对他人的反馈时，一定要觉察自己是否在根据不确定的信息进行主观揣测。

○ 你有没有对他人模棱两可的评价进行过负面解读？
○ 事实证明你的猜测是准确的吗？
○ 真实的情况是怎样的？
○ 如果再有类似的情况发生，你会怎么做？

4. 不把评价视为针对个人的批评

把负面评价当成针对个人的批评是一种思维偏误，当客户不认可你的设计方案，评价它"少了一点灵动感"时，不代表他在否定你这个人，更不意味着他认为你很愚笨、很古板，这不过是就事论事的评价而已。

要克服这一习惯，需要在两个方面作出努力：第一，训练自己不要把即将发生的事情都当成针对自己的；第二，了解给出负面评价不一定代表对方不喜欢你、不尊重你的能力，或是没有看到你的潜力。

5. 预设用于处理负面评价的回应

焦虑型人格者在听到他人的评价时，往往会大受打击，产生负面的情绪反应。为了避免负性自动思维，可以预设一些用来处理负面评价的回应。

- ○ 我觉得关于这件事的建议，你说得很有道理。
- ○ 我会好好考虑你的建议，给我点时间思考一下。
- ○ 我想想在这个问题上该如何改进，再发邮件给你。
- ○ 我没有想到这一点，你的提醒对我很有帮助。
- ○ 真是一个好主意，每次与你交流都有收获。

6 真正严厉的批判家，也许是你自己

跳出桎梏6：停止自我攻击

假设你刚刚完成了一个策划案，需要他人给出一些建议。但是，你很担心会收到他人的负面反馈，害怕大家会说：这份策划案缺少创意、不够吸引人、预算太高……你认为这种结果发生的可能性有多大？

凭借主观感受，你可能会说："感觉有 80% 的概率吧！"现在，请你跳出主观视角，客观地评价这份策划案，你认为可能性有多大？你可能会说："有 50% 的概率吧！"其实，这个答案也许还是高估了收到负面反馈的概率，但这不是最要紧的，重要的是这个答案提醒你，你的焦虑情绪在某种程度上会蒙蔽你对事物的看法。

焦虑的人很容易高估得到负面评价的可能性，这是负面预测的思维偏误在作祟。他们之所以会这样想，是因为他们往往比别人更严厉地评价自己的表现。换言之，他们的内心住着一个严厉的"批评家"。

在《蛤蟆先生去看心理医生》一书中，咨询师苍鹭对蛤蟆说："没有一种批判比自我批判更强烈，也没有一个法官比我们自己更严苛。"在现实生活中，时刻影响我们自尊水平的因素，不是外部的人和事，而是我们头脑中的想法。焦虑型人格者在社交过程中，总是害怕自己言行有误，一旦获得负面评价，更是会忍不住地进行自我攻击和自我贬低。

<u>自我评价是人格的核心，它会对个体生活的方方面面产生影响，包括对朋友、同伴和职业的选择，也包括学习能力、成长能力与改变自己的能力。对焦虑者来说，强大、积极的自我形象是克服社交焦虑最大的底气。</u>

许多时候，伤害你的不一定是他人的负面评价，也可能是你自己的内在消极信念与自我评价。如果你不能对自己作出客观的评价，就会习惯性地低估自己、怀疑自己，想要的

不敢争取，认为自己不配得；有机会不敢去抓，认为自己做不到；看不见自己的长处，总拿自己的不足与他人的优势相比，强化消极信念。

其实，优秀从来都不是绝对的，重要的是学会客观地评价自己。每个人都是独特的，都有自己的优势和短板，不存在一无是处的人。纳尔逊·曼德拉说过："我们最深切的恐惧并不是来自我们的胆怯，我们最深切的恐惧是我们无法衡量自身的强大。我们常问自己，谁具有才华、天赋，并能创造神话，而谁不能。其实，我们与生俱来就拥有上帝般的才华。"

人生最重要的关系，是自己与自己的关系。

焦虑、恐惧、害羞、懦弱的存在，不一定是因为你不够好，而是你内心那个严厉苛刻的批评家，总在不停地对你进行挑剔和指责——"你不够聪明、你能力欠佳、你长得不好看、你胆子太小……"你认同了这些话，就会做出强化这些声音的表现，这就是自证预言。

想要摆脱内在批评者的控制和支配，需要提高觉察力和辨别力。当你在生活中遇到问题，忍不住想要进行自我攻击的时候，请你试着做几个深呼吸，扪心自问：

○ 这究竟是事实，还是头脑中的想法？

○ 如果这是事实，我要为眼前的处境承担多少责任？我存在什么样的问题？

○ 之后遇到类似的情形，我需要注意什么？

这种客观理性的分析，可以避免我们简单粗暴地将内在的批评声音当成真理。

如果在经过思考和分析后,你发现头脑中那个"自我批评的声音"不是事实,而是想法,那么既不要去认同它,也不要去对抗它,你可以试着跟它保持一点距离,把它当成背景音乐,继续去做你认为更值得、更重要的事。

当你不再受困于内在专横苛刻的批评声,学会用客观公正的目光全面地审视自己,你就能够更好地探索出自己独有的标准和自信,收获稳定而持久的安全感。

7 害怕被人拒绝,也不敢拒绝别人

跳出桎梏 7:克服投射效应

有一次尧帝途经华封,华封人祝福尧帝"长寿、富贵、多子"。在他们看来,这是人人都向往的事。然而,对于这份祝福,尧帝却并不愿意接受。在尧看来,"寿则多辱,富则多事,多子多惧",意思是说,年寿越高自己蒙受羞辱的机会就越大,太过富有往往会招来许多麻烦,多一个孩子也会多一份担忧。

这个故事反映出了心理学中的一个现象——投射效应。

投射效应，是指因自己具有某种特性，继而推断他人也有跟自己相同的特性。简单来说，就是以己度人，认为自己有某种言行和需要，别人就也有类似的言行和需要。这是一种潜意识的防御机制，用于防止自我价值受到威胁。

人们在认识和评价他人的时候，经常会出现投射效应。比如：善于嫉妒的人常常认为别人也善妒；有心机的人常常认为别人动机不纯；慷慨的人觉得多数人也会像自己一样慷慨；吝啬的人往往认为别人比自己还要吝啬……不只如此，人们还会把自己的看法、情绪和特质投射到他人身上，认为别人和自己一样。

焦虑型人格者对自己在社交环境中的表现，往往会设立较高的评价标准，并认为别人也会以高标准审视自己，因而很容易把小问题无限放大，胡思乱想。比如："我今天的衣服上有油渍，别人肯定觉得我很邋遢""如果我回绝了他的邀请，他肯定会认为我对他有意见""他对我的期望一定很高，要是我做不好这件事，那就太丢人了"。

归根结底，他们就是太在意负面的评价，难以接受他人对自己的否定、批评和拒绝。正因如此，他们在社交中也不太敢拒绝别人的请求，总觉得这样做会给对方造成伤害。实际上，这是典型的心理投射，他们的内心很脆弱，承受不起拒绝，就把别人想得和自己一样脆弱。

要打破不敢拒绝的藩篱，焦虑型人格者需要努力做到以下几件事情。

1. 放弃让所有人都满意的执念

不管做什么事情，做到什么程度，都不能确保让所有人都满意。既然无法实现完美，不如放下执念，遵从自己的原则和真实想法，不必一味迁就他人的意愿。如果总是害怕有人不满意，揣摩并迎合别人的心思，会把自己折磨得精疲力竭。

2. 克服投射心理，加强理性思考

如果总是一厢情愿地推己及人，对事对人往往都会得出违背客观事实的错误判断。焦虑型人格者要深刻认识到，别人和自己是不一样的，不能凭借感性和臆想去揣测他人的心思。如果你不愿意做某件事，大可跟对方讲清楚原因，切忌主观地认为这样做会伤害对方。有时候，诚实和坦言会得到对方的理解和尊重，勉强为之又做不好，才是最大的麻烦。

3. 掌握拒绝的方式方法

如果他人的请求违背了你的个人原则或价值观念，拒绝是最好的选择。不过，古语也提醒我们："良言一句三冬暖，恶语伤人六月寒。"拒绝他人的时候，态度要坚定，但话可以点到为止，要顾及对方的自尊心。这里有一些建议，也许可以帮到你：

○ 先听对方把话说完，再开口拒绝。

○ 给出充分的拒绝理由，让对方明确知道你的态度。

○ 先认同后拒绝，避免让对方感到难堪。

○ 说出你的难处，让拒绝更加真切。

○ 不找借口掩饰真实的想法，坦诚更容易获得理解。

8 你不是世界的中心，没有那么多观众

跳出桎梏 8：减少过度的自我关注

无论在什么样的社交场合，社交焦虑者都会觉得自己在被他人审视，他们总怕自己表现得笨拙，试图通过安全行为来保护自己。这种情况的根源在于，他们太过关注自我，把大部分注意力放在了自己的身上，无法关注内心情感以外的任何事情，致使感官瘫痪。

小茜性格内向，每次当众讲话都会脸红。她很害怕别人关注自己，不管是不是真的有人关注她，只要置身于人群中，她就会感到局促不安。

那还是小茜上大学的时候，当时公交车还没有报站系统，

全是乘务员现场售票、到站提醒。临近小茜要下车的站点时，乘务员大喊："有没有人下车？没有（就）走了。"车厢里的人很多，却没有人回应。小茜意识到，这一站只有自己下车，可是她不好意思开口，就继续坐着，盼望下一站有人可以"拯救"自己。

尴尬的是，那一站的路程很长，从市区跨到郊区；更尴尬的是，乘务员在途中发现了小茜"逃票"，因为她买的票是3元的，而乘坐到郊区要5元。她只能解释说，自己坐过了站，并在众目睽睽之下，补了2元的差价。

这件事已经过去很多年了，可每每回想起来，小茜仍然感到无比羞愧，对自己充满了失望和厌恶。

越不想面对什么，越要被迫面对什么，小茜不想被人关注，结果却在某一瞬间，成了车厢里的焦点，这种关注远比开口说一声"我要下车"来得更猛烈。小茜不敢说"我要下车"，是因为害怕说这句话的时候，其他乘客会把目光投向她。这种情况在生活中是存在的，但这种关注不过是"看一眼"而已，完全是出于本能反应，没有人会多想什么，毕竟只是萍水相逢。为了不被关注，小茜默默坐过站，反而导致自己真的受到了其他乘客的关注。

在社交过程中，如何才能摆脱过度的自我关注呢？

1. 把注意力放在周围的事物上

要避免过度自我关注，最重要的一点是把注意力更多地放在周围的事物上，而不是内心的消极想法、感觉或情绪上。

这样做可以阻断对自身表现的胡乱猜测，有效摆脱头脑中那些自认为表现得很糟的想法。

你可以试着留意身边发生的事情，保持开放的态度，这有助于你更好地关注与自己互动的人，理解对方说的话，留意他们的反应。当然，也不要完全忽略自己的存在，要做到对内心和外界保持同等关注，当你可以自如地切换关注点时，就算是达到平衡了。

2. 放弃对"理想行为"的预期

社交焦虑者总是担心自己的言行会出现失误，试图让自己时刻都表现得如预期中一样完美。然而，有谁可以说出"理想行为"到底是什么样的呢？又有谁可以完全达到理想的预期呢？每个人都有自己看待事物的角度和方式，从客观上来说，只要人与人之间存在差异，就不可能存在一种标准化的"理想行为"。

放弃对"理想行为"的预期，按照现实原则选择令自己觉得舒服或是对自己有益的方式就好，不必为自己的行为模式感到不安。

你不是世界的核心，也不是别人生活剧本里的主角，多数人不会太在意别人做什么，也不会花费太多时间去评价别人，他们更关心的是和自己有关的事情。在这个世界上，没有人像你在乎自己那样在乎你，想明白这一点可以省掉很多烦恼。

PART 7

天生焦虑星人,如何活出松弛感
—— 拥有松弛人生的 7 个指南

1 用好的想法和感受改变生活

松弛指南1：调整关注的焦点

坐在咨询室里的H女士，眼眶红肿，哽咽着诉说她的遭遇和困惑："我不知道自己做错了什么，让婚姻变成了现在这样。他也变得很陌生。过去出门之前，他都会跟我温情地告别，现在不声不响地就出了家门；他手机收到消息，我一问是谁发来的，他就反应过激；就连夫妻生活也像例行公事，彼此心里都揣着事儿；他总是心神不定……你说，如果不是他有了外遇，怎么会出现这样的情况？"

人们常说，事情往往有三个面：你的一面，我的一面，真相的一面。H女士述说的是她的一面。后来，在咨询师的建议下，H女士的丈夫也参与了进来，述说了他的一面："她的家庭条件不好，婚后全职在家照看孩子，和社会接触得较少；我父母早年经商，家里的物质条件相对好很多。当初两个人在一起，是她先追求的我，但她总是疑神疑鬼的，对我特别不放心。"

经过多次咨询，真相的一面也浮现出来：H女士的丈夫没有外遇，但公司的账目出了一些问题，他不想让H女士担心。

至于H女士，她对丈夫的不信任，源自她内心的自卑。

在咨询师的帮助下，H女士开始调整自己的认知，认识到婚姻不是交易，双方家境总会存在差别，她要学会看到自己的长处和优势，重建自信。同时，要多丰富自己的生活，不把所有的注意力都放在丈夫身上，让感情有多种寄托，让生活有多个支点。

很多时候，我们认定的事实，只是选择性关注的结果。

美国心理学家做过这样一个实验：心理学家事先提醒被试注意观察视频中打篮球的运动员传了几次球，然后给他们播放打篮球的视频。然而，等视频放完后，心理学家却问了另一个问题：有没有看到球员之间走过了一只大猩猩？

啊！怎么会有大猩猩呢？所有被试都觉得奇怪，一致表示没有。

可是，当研究人员再次播放视频时，所有被试都震惊了！打篮球的人群中，真的有一只大猩猩穿过，而他们竟然完全没有注意到，这简直太不可思议了！

这一看似奇怪的现象，被心理学家称为"选择性注意"。

知觉是一系列组织并解释外界客体和事件产生的感觉信息的加工过程，但客观事物是多种多样的，在特定时间内，我们只能按照某种需要和目的，主动而有意地选择少数事物作为知觉的对象，或无意识地被某种事物吸引，从而对其他事物只产生模糊的知觉印象。

心理学教授经常会给学生们讲查尔斯大街的故事，即一位商人、一位医生、一位艺术家于同一时间走过同一条街道，但他们眼中的街道却各不相同。商人看到的是商铺所在位置对于经营的重要性；医生看到的是药店橱窗里摆放的各种药品，以及不懂得调理自身健康而造成身体不适的人群；艺术家看到的是线条、形状和色彩构成的美丽画面。

同样的时间，同样的环境，不同的人却把注意力停留在不同的事物上，看到的景象和内心的感受也截然不同。选择性注意会使一个人将认知资源集中在特定的刺激或信息源上，同时忽略环境中其他的东西。

举一些简单的例子：你一直都可以看见自己的鼻子，但你几乎没有刻意关注过这件事，大脑让你无视它；在嘈杂的环境里，你依然可以和朋友聊天，因为你把注意力集中在了对方的声音上，自动屏蔽了周围的噪声……没错，我们所留意到的事物，都是我们想留意的！

情绪一种能量，它的发生是自然而然的，任何人都无法阻止。但是，你可以主动调整关注的焦点，有选择地分配注意力，将这一能量投注在不同的地方。

面对一个客观事件，如果你总是设想各种消极、负面的结果，就会沉浸在恐惧和焦虑中，自动屏蔽其他的可能性，成为思维的囚徒；如果你尝试从不同的视角去观察，往往就会看到不一样的情形。

你的关注焦点，很大程度上决定着情绪的状态，也决定着人生的走向。所以，永远都不要琢磨那些你不希望发生的事情。当脑海里充盈着那些消极的想法时，得到的往往也不会是什么好的结果。因为消极的想法会加重负面情绪，阻碍你的潜能发挥，让你无法客观理性地思考，无法专注、竭尽全力地去处理眼下的问题。从现在开始，试着把你的注意力引导到那些你想要、有价值的事物上去，用好的想法和感受来改变自己的生活吧！

2 不要试图把每一分钟都填满

松弛指南2：摆脱时间焦虑

总是担心上班迟到，早上一睁眼就死盯着手表不放，恨不得立刻出现在办公室里；要是哪天被堵在了上班路上，心里就开始担忧：老板会不会怀疑我的工作态度？

偶尔一天工作进度慢了，内心就开始慌张，恨不得把吃饭、睡觉的时间都搭进去，赶紧把工作补上；休息的时候不敢放松，总惦记着做点"有意义的事"，生怕浪费时间。

时间焦虑，是一种因为对时间过度关注而产生的情绪波动。如果有一段时间什么都没做，有时间焦虑的人就会觉得自己在浪费生命，产生严重的罪恶感。要是花费一两个小时散步、看电影，事后非要把这段时间用工作或学习弥补上，才会感到安心。

"我总是对时间特别在意，节假日的时候，别人都能心安理得地休息，我却做不到。我好像无法接受浪费任何一点时间，每天都会苦心思考自己是不是对时间进行了充分的安排。我总觉得必须有'事情'做，不管是钓鱼、爬山还是购物，就是不能让时间空着，否则我会觉得很空虚。说实话，这样的安排也没有让我感到多么满足，顶多就是获得一份心安。"

S小姐步入职场十年，这些年她一直活在对时间的焦虑中。对于自己的时间焦虑，S小姐早就意识到了，她也尝试做过一些努力去缓解，但似乎没什么用。她说："当我发现自己内心不安时，我会告诉自己，别太苛刻，要懂得享受生活，偷懒一下没什么关系。但这种自我安慰的效果只是一时的，很快我又会为无所事事感到焦虑，这种矛盾状态让我很痛苦。"

S小姐对时间的焦虑，源于她对人生价值的追求，她总觉得必须充分利用每一分钟才有意义，否则就是虚度人生。这不都是她的错，无论是教科书还是社会教育，一直都向我们传递这样的观念："一寸光阴一寸金，寸金难买寸光阴。"时间可贵，要好好利用。道理没有错，但这种观念是有特指的——在需要认真做事的时候，要充分利用每一分钟。珍惜时间,并不等于活着的每时每刻,都要被任务填满。

高效率地工作,为的是创造高质量的生活,而不是为了处理更多的事务。要摆脱对时间的焦虑,就要清楚每一件事情存在的意义以及自己当下最需要的是什么,从而作出最有利于自己的抉择。

如果你最近压力很大,那么去郊外旅行、回归大自然,并不是浪费时间,而是劳逸结合;如果你最近严重缺觉,那么睡眠就是重要的,它可以帮你恢复体力和精力。只要有目的地去利用时间,睡觉、郊游、看电影、健身等事情就都是有意义的。

如果总觉得时间不够用,也需要反思一下:是不是自己想要的太多了?时间有限,而想做的事越来越多,可分配的时间自然就少了。问问自己:真的需要做这么多事情吗?有时候,我们想做的并不一定是内心真正需要的,也可能是攀比的心理在作祟。

别人都在跟风去做的事情不一定适合你,清醒地认识自己至关重要。我们每天忙忙碌碌,为的不是成为别人,也不是要改变世界,而是要用自己最擅长、最舒服的方式活在世上,成为自己生命的主宰。

3 试着接受，压力是生活的一部分

松弛指南 3：与压力和平共处

凯文因神经衰弱住进医院，躺在病床上的他，似乎意识到了自己的问题所在。

这些年，他对自己的要求太高了，总是背负着沉重的压力。他决定，出院之后要过一段"零压力"的生活。一个月后，凯文辞掉了原来的工作，开启了"养生模式"：上午在家听音乐、看书、学习金融知识；中午去户外散步，回来睡午觉；下午写两篇书法，看一场电影；晚上吃过饭，约朋友聊聊天。

这样的日子大概过了三个月，凯文就开始感到无趣、厌烦，甚至萌生了抑郁的情绪。这种生活看上去挺"诗意"，可他毕竟还是 30 岁的青年，这种日子有点儿悠闲过头了，况且银行卡的余额也在提醒他，没资格再这样下去了。至此，一股无形的压力又朝他涌来。

压力常常会带给人一种失控感和压迫感，让人心烦意乱。所以，在面对压力的时候，许多人的第一反应就是排斥，想要彻底将它从生活中清除掉。厌倦压力的凯文，选择辞职休假，置身于一个"零压力"的环境中。然而，逃离了工作的压力，他拥有的也只是短暂的舒适与惬意，在残酷而现实的生活跟前，他最终还是要面对压力。

只要生活还在继续，压力就不可能消失，因为人生的每一个阶段都有亟待解决的问题。真正有效的处理方式是，从认知上调整对"压力"的看法，坦然地接受它就是生活的一部分，主动调适压力引发的焦虑不安，为自己树立切实可行的目标，切断那些把情绪带入深渊的欲望，在豁达与变通中与压力和平共处。

那么，具体怎样才能做到和压力和平共处呢？

1. 找到压力的诱因

想要真正地平衡压力，避免自己滑到崩溃边缘，需要了解自己的压力诱因。你可以试着从以下几个问题入手。

○ 什么会让你产生压力？
○ 在什么样的场合你容易产生压力？
○ 当你陷入压力状态时，你是在阻止什么情况发生？
○ 你是用什么方式应对压力的？
○ 当有压力时，你体验到的情绪是什么？
○ 当有压力时，你脑子里有哪些想法？
○ 你把压力藏在了身体的哪个部位？
○ 你的压力状态会持续多久？

2. 切断不必要的压力源

生活中有一些压力是必须承担的，如操持生活、养育子女、为事业奔波，但也有一些压力是不必承担的，如争强好胜、好高骛远、不懂拒绝、太在意他人眼光等。对于不必要的压力源，要积极地进行阻断，降低内心的压迫感与紧张感。

3. 把压力视为一种挑战

焦虑型人格者对风险过度担忧，因而很容易把压力视为威胁，并因此感到惊慌失措。这也间接说明，他们的自我效能感较低。所谓自我效能感，是指个体对于自己能否成功完成某一行为的判断。

自我效能感的高低和个人的经验、受教育水平等有关，焦虑型人格者需要多学习技能，多积累正面经验，接受自身的缺点，学会自我赏识和自我激励，以增强应对压力的信心。生活从来不会变得容易，如果有一天它显得"容易"了，那是因为我们变得强大了。

4. 掌握应对压力的方法

逃避只能暂时躲开压力的威胁，但该面对的迟早还是要面对。唯有掌握积极有效的应对方法，才能从根本上解决问题。面对压力时，焦虑型人格者可以采取两种策略：

（1）转移情绪焦点，控制个人在压力之下的情绪，先改变自己的感觉、想法，专注于缓解情绪冲击，不直接解决压力情境。

（2）直接解决问题，把重点放在问题本身，在评估压力情境的基础上，采取有效的行为措施，直接去解决问题，改变压力的情境。

具体选择哪一种策略，要结合当时的个人状态和处境。如果问题清晰明了，只要采取行动，就可以消除紧张和压力，那就选择直接解决问题；如果自己的情绪很糟糕，大脑一片空白，根本想不出解决问题的办法，那就先处理好情绪，再去解决问题。

4 为自己找寻一个情绪树洞

松弛指南4：学会倾诉和宣泄

一个在外打拼的女孩，在距离上一次跳楼不足两个月后，再一次从高层跃下。随着那一跃，所有的年华，所有的故事，都如尘埃般飘散了。她离开后不久，家人在她的枕头下发现了一瓶安定，还有一个破旧的日记本，日记本上零零碎碎地记录着她的遭遇。

女孩说,她其实早已厌倦了生活。奔波在大城市里,她没有丝毫安全感,每天戴着面具做人,剩下的只是疲惫。与上司相处要察言观色,处处小心;与同事相处要谨言慎行,生怕得罪了谁;与客户相处要热情洋溢,就算受了委屈也得笑脸相迎。每天遇到各式各样的人,遇到错综复杂的事,有失意,有痛苦,有愤懑。许多话不知该向谁说,也不知有谁值得相信,憋闷在心里久了,就变成了对生活的厌弃。

当人抑制自己的情绪时,内心积累的负面能量就会越来越多,进而引发幻觉、梦魇、焦虑和抑郁。此时,必须为情绪找一个出口,释放出心里的毒素,才能恢复内在的平衡。这就如同地球内部积攒了热量,如果不让它以地热喷泉、小规模火山活动等方式释放,迟早有一天,它会因为积攒过多而以更疯狂的姿态爆发,引发火山喷发、高级别地震或海啸。

心理学上有一个法则:把烦恼告诉别人,可以减少一半痛苦;把喜悦告诉别人,可以增加一倍快乐。每个人都有需要倾诉的时候,每个人都有倾诉的需要,倾诉是化解心中苦闷与抑郁的绝佳方式,把憋在心里的话说出来,不良情绪就能得到净化。

当然,倾诉和宣泄也是要找对人、讲究方法的。

1. 选择一个安全的"树洞"

有些时候,造成心理压力的问题往往会触碰到内心的隐秘角落，让人感觉难以启齿。为此，我们需要选择一个安全的"树洞"来倾诉，比如真正关心和理解自己的朋友、专业的心理咨询师，确保自己可以得到理解与同情，同时又不会闹得"人尽皆知"，给自己带来麻烦。

2. 不要人为地放大困难

没有谁的生活是平坦的，遇到困境很正常，不要人为地去放大困难、放大自己的痛苦。任何问题在无限延伸下，都会变得令人难以承受，最终让你在担忧、恐惧中掉进内耗的陷阱。停止过度思虑，保持平常心，把脑子里的"灾难放大镜"扔掉，你才能游刃有余地应对当下的生活。

3. 别把"树洞"当"垃圾桶"

人生中最幸运的事，莫过于遇到了解自己的人。如果你拥有一个懂你的"树洞"，请务必好好珍惜，不要没有节制地把心里的"垃圾"乱倒一气，把对方当成"垃圾桶"。无论你们之间的关系多么亲密，都要考虑对方的感受，毕竟负面的情绪是会传染的，不要成为一个消耗对方的人，也不要让你的倾诉变成干扰和伤害。

5 运动是拯救精神疲惫的良药

松弛指南5：选择合适的运动

疲劳是一个复杂的身体机制，目前学界将其分为两类：体力疲劳与精神疲劳。

体力疲劳，是肌肉和躯体经过运动，出现了缺乏能量、代谢废物聚集和一些内分泌变化的情况。运动健身产生的疲劳，大都属于这一类，通过饮食和休息，就可以恢复。

精神疲劳，是人体的运动强度不大，但因为神经系统紧张，或长时间从事单调、厌烦的工作而引起的主观疲劳。比如，长时间地写文案、画设计图等，都会导致精神疲劳，就连长时间打游戏也会引发精神疲劳。

遇到烦心事时，哪怕什么都不做，也会感觉疲惫，这就是典型的精神疲劳。大量的研究和实验证明：在同样的条件下，应对精神疲劳和不良情绪，运动比听音乐等方式更胜一筹。

贝拉·麦凯是《卫报》《VOGUE》等的撰稿人，因离婚和精神健康问题的困扰，她患上了严重的焦虑症和抑郁症。然而，跑步让这一切发生了改变。为此，她特意撰写了一本书,名字就叫《跑步拯救了我的生活》。

贝拉指出,痛苦可以缓解痛苦。跑步有分心的作用,当你的身体经受痛苦时,大脑某些部分的运作就会减缓。在失恋、丧失亲人或生活压力沉重不堪时,迈开脚步,或许就能把你的生活带回正轨,无论这一步是多么小。

跑步拯救了贝拉的生活,但我们不一定非得去跑步。情绪是流动的,人在不同的时间会有不同的情绪,而情绪也影响着人的行为表现。运动也是行为表现之一,你可以根据当下的情绪来选择合适的运动。

1. 内心平静:休息或激发运动欲望

心情平静令人感到舒适,但在某种程度上也可能会诱发懒惰,让人只想待在某个地方懒得动弹。如果体力不支或是身体不适,休息是最好的缓解方式;如果各方面状况都正常,可以想办法激发自己的运动欲望,比如穿上喜欢的运动装,放几首喜欢的动感乐曲,骑上心爱的单车去吹吹风,这些都比坐着刷手机更有益健康,也能使我们在活动结束后体会到更多的成就感和满足感。

2. 情绪高涨:高强度有氧或心肺强化

高兴的状态会让人感觉全身充满能量,这个时候很适合跑步。选择一条风景优美的路线,让情绪随着跑步的律动而持续高涨。如果情绪达到了兴奋的状态,也可以安排一些高强度的心肺强化训练，让体内的兴奋能量得以释放。

3. 悲伤低落：中等强度的有氧运动

大量临床研究证明，运动可以有效地缓解抑郁情绪。通过运动，人可以转移注意力，暂时忘却烦恼，且运动后会感觉全身舒畅，达到放松的效果。长时间的中高强度运动，可以刺激内啡肽和血清素的分泌，使人产生愉悦的心情。

在感到情绪低落时，可以选择跑步、游泳、健走等有氧运动，增加身体的含氧量，从而释放情绪，恢复理性思考的能力。

4. 焦虑不安：需投入专注力的运动

当焦虑情绪涌现时，可以尝试做一些需要高度专注的运动，比如跳舞、瑜伽、有氧舞蹈等，专注于眼前的动作，可以使我们暂时抛却脑中的负面想法。特别是瑜伽，它比较重视均匀的深呼吸，这一动作本身就有调适情绪的功效。

无论是感觉身心疲惫，睡了很久却不得缓解，还是遇到烦心事，被负面想法裹挟，运动都是一个会给你带来益处的选择！走出家门，迈开脚步，走上 5 千米；跳进恒温的泳池，畅快地游 1000 米；跟随音乐，舞动你的手臂……这样的积极性恢复，相比静坐和躺着，可以更快地帮你减缓疲劳，从负面的情绪状态中走出来。

6 吃对食物可以调节情绪

松弛指南6：用食物平静心灵

生气、难过、郁闷、委屈、焦虑……每一个难熬的时刻，"好吃的"都不会缺席，似乎这个世界上所有的不开心，都可以用美食来治愈。吃一顿真的能解决情绪问题吗？

哈佛大学营养精神病专家乌玛·奈杜，在她的新书《用食物平静你的心灵》中分享了大量利用食物安抚情绪的专业内容。她说："食物对身体有全面性的影响，包括大脑和精神健康，如果你正在遭受某种形式的心理健康问题，那么仔细考虑你的食物选择非常关键。"

美味的食物可以给人带来短暂的安慰，因为它可以激活调控情绪的边缘系统，促进多巴胺释放。尤其是糖类、淀粉等碳水化合物进入人体后，会让血糖水平快速升高，令人产生愉悦感和满足感。但是，由于含糖食物会快速被肠胃吸收，造成血糖急剧上升又下降，反而会更影响情绪稳定。

英国华威大学和德国洪堡大学的专家研究发现，摄入过多的糖会让人感到疲惫。研究人员从31项研究结论中收集了近1300名成年人的健康数据，分析了糖对人们认知、思维、情绪、精力等各方面的影响。在考虑了糖分摄入量、甜食类型及人们从事脑力、体力劳动的强度高低等因素后，研究人员得出结论：吃糖后比吃前感觉更累，大脑反应更迟钝。

食物与情绪之间有着密切的关系，但不是所有的食物都对身心有益。无论是想维持情绪的稳定，还是想获得健康的身体，高油高糖的食物都不是一个好选择。更糟糕的是，如果你总是因为情绪问题去进食不健康的食物，不仅无法让情绪问题获得缓解，还可能会增加心理负担，演变成对体重渐增、身材走样的羞愧与焦虑。

如果想从饮食方面改善情绪，有哪些秘诀呢？

1. 限制性地摄入糖类

尽量少吃精制谷物、白米饭等单一碳水化合物，它们会在体内迅速刺激血清素的分泌，而后很快失效。这就会导致情绪波动，不仅无法缓解压力，还会让人感到疲劳、没精神。

适当多吃复合碳水化合物含量高的食物，如全麦面包、麦片、粗粮饭等，它们能够长时间刺激大脑产生血清素，这种物质可以改善人的情绪。

2. 蛋白质不可或缺

没有蛋白质，就没有生命。如果长期食用高油高糖类食物，而蛋白质的摄入又不足，会导致肌肉越来越松软；长期缺乏蛋白质，头发也会缺乏光泽、易断裂。更为重要的是，少吃或不吃蛋白质，免疫细胞就没办法正常工作，身体自然容易生病。通常来说，动物蛋白（鱼肉、虾肉、牛肉、羊肉、猪肉）的营养价值高于植物蛋白。

3. 尽量选择优质脂肪

脂肪并非一无是处，它可以减缓饥饿感、缓解餐后血糖的上升速度，适量摄入有助于身体健康和细胞膜的修复。日常饮食，要尽量选择含有优质脂肪的食物，如三文鱼、金枪鱼、核桃、芝麻等，避开劣质脂肪，也就是反式脂肪酸。通常来说，这个名字不会直接出现在配料表中，但是看到"氢化植物油""植脂末""奶精""人工黄油""植物起酥油"等字眼，就要特别注意了，它们都是反式脂肪酸的别称，能不吃就不吃。

4. 确保摄入充足的水分

水是生命之源，充足的水分可以增加身体的活力，提高皮肤和筋膜的质量，保持肌肉与关节的润滑，并能够延缓衰老。同时，摄入充足的水分还可以避免暴饮暴食，因为有时感到饥饿，并不是真的饿，而是渴了，这两种信号很容易发生混淆。

5. 每日补充维生素

水果和蔬菜是维生素的重要来源。当身体缺少维生素 B_1

时，人很容易出现暴躁易怒的情况；当身体缺少维生素 B_3 时，人又会出现焦虑不安、失眠、抑郁的情况。当体内维生素 C 含量不足时，会出现情绪和行为上的孤僻、冷漠、忧郁，所以新鲜的果蔬是不可或缺的。

养成健康的饮食方式是一场马拉松，而不是百米冲刺跑。不要试图让自己在几天内就彻底改变饮食方式，那样你会陷入一个"溜溜球式"的怪圈，在健康饮食和不健康饮食之间游走，加重焦虑。从微小的改变开始——把果汁换成水果、把薯片换成土豆泥……当你感觉良好时，再继续向前努力。

7 把睡觉当成重要的事来管理

松弛指南 7：保证良好的睡眠

从事电商直播工作的润子，体重一年增加了十几斤，整个人的精神状态很差，动不动就想发脾气。润子说，这一年来工作不太顺利，她一直都很焦虑，几乎夜夜失眠，有时完全就是睁着眼睛看天花板，到了凌晨三四点才能勉强眯一会儿，但也都是浅眠。

晚上睡不着，白天没精神，还要应对繁重的工作，润子只能选择用重口味的食物来刺激自己的味蕾，希望能打起精神来。渐渐地，润子的日子就形成了一种固定模式：睡得越来越晚，吃得越来越多，口味越来越重。

偶尔工作不太紧张时，润子也会早早躺下，可她并没有睡觉，而是抱着手机不放，等看够了电影、刷够了网页，时间又到了凌晨，而她也觉得更累了，脑子蒙蒙的。

美国加利福尼亚大学伯克利分校的研究人员，曾在国际杂志《自然·人类行为》上发表了一项研究报告。他们借助磁共振成像、多导睡眠监测等技术对18名青年的睡眠状况和焦虑程度展开研究，结果发现：失眠或会让机体第二天的焦虑水平上升30%，而充足和高质量的睡眠可以让人保持冷静并减少机体压力水平，显著降低焦虑程度。

为了处理工作和学习上的任务，不小心熬到深夜；想休息和放松，又不愿意关闭对这个世界的感知，就用手机和网络打发时间……总之，不是被动失眠，就是主动失眠，这几乎成了现代人的一种生活缩影。在反复熬夜和晚睡之后，人们又会开始懊悔和自责，觉得这样对身体不好，想把作息调整过来。

如果你是一个容易焦虑的人，且正陷入上述的状态中，那么我想提醒你：睡觉真的很重要，请把它提升到高优先级的位置，当成一天中的重要事项来管理。

为什么睡眠如此重要呢？

当我们醒着的时候，时时刻刻都需要消耗能量。在此过程中，身体会不断分解一种叫作三磷酸腺苷（ATP）的核苷酸，它可以为细胞活动的许多过程提供能量。ATP 的最终分解物是腺苷。随着 ATP 的不断分解，腺苷会逐渐增多，当它积累到一定程度时，就会抑制中枢神经的活动，让人产生困意。

睡眠的过程，其实是消耗腺苷的过程。感到疲累和困倦时，如果能好好睡一觉，大脑中的腺苷就会被消耗掉，醒来时人也会觉得神清气爽，充满活力。如果条件不允许（上班时间犯困），不能依靠睡眠缓解，喝一杯咖啡也有提神的效用。这是因为，咖啡因的结构与腺苷很像，可以跟神经元上的腺苷受体结合，占用了腺苷的位置，促使大脑不受不断增多的腺苷的影响。换句话说，咖啡因通过欺骗大脑，让它以为腺苷被消耗掉了，从而达到消除困意的效果。

睡眠不只是消除困意那么简单，它更是对大脑的一种深度保养。当我们醒着的时候，大脑时刻都在运转并积累大量的代谢废物。这些代谢废物对大脑的影响不会即刻显现，可当它们积累到一定程度时，就会对大脑造成严重的损伤——思维和认知能力出现不可逆的退行性病变。当我们处于深度睡眠状态时，大脑就可以进行排污工作，将这些无用的代谢废物清理掉。

我们每天要接触大量的信息，产生各种各样的想法，这些信息需要经过加工才能被大脑巩固和内化，而加工的过程就发生在睡眠期间。当我们睡着时,大脑会循环播放这一天的经历,巩固对重点场景和信息的记忆;同时,把那些烦冗、无用的神经元连接修剪掉,优化大脑的储存模式。

由此可见,睡眠是为了让身体维持一个稳定、良性的状态。如果睡眠不足,就等于在破坏这种动态平衡,久而久之就会影响记忆力、情绪和认知能力。

那么,如何才能够减少熬夜,做好睡眠管理呢?

1. 了解自己的"睡眠类型"

每天几点睡觉才算是"不熬夜"?这个问题没有标准答案。每个人都有适合自己的入睡时间和起床时间,睡眠学家研究发现,人群中大体存在三种"睡眠类型":

○ 云雀型:早睡早起,约占人群比例的 25%。
○ 猫头鹰型:晚睡晚起,约占人群比例的 26%。
○ 蜂鸟型:介于两者之间,约占人群比例的 49%。

你要观察自身的情况,了解自己究竟属于哪一种类型,找到适合自己的生活方式,以及感到舒适、能够适应社会的作息时间。

2. 营造有利于睡眠的环境

失眠是一种过度唤醒,失眠时大脑处于过度紧张和兴奋的状态。想要拥有高质量的睡眠,需要营造有利于睡眠的环境,让自己放松下来。比如:睡前 3~4 小时不要做剧烈的运动,尽量不喝茶与咖啡;做一些舒缓的事情,如看书、听音乐,或列出明日的待做事项清单;把灯光调暗,关掉所有的光源,这些都有助于睡眠。

3. 睡前 1 小时远离电子设备

对现代人来说,睡前看手机几乎成了一种习惯,但这种做法对睡眠的影响是很大的。手机、平板电脑或其他电子屏幕发出的蓝光,会抑制体内褪黑素的分泌。褪黑素的作用是调节昼夜节律,让人晚上感到困,早上准时醒来。睡前在蓝光下暴露太久,会让人感觉不到困意,直到身体透支到再无法支撑任何消耗,才能进入睡眠状态。

睡前 1 小时最好不碰电子产品。要养成这种习惯并不容易,需要逐渐适应手机离身、不时刻看手机的状态。你可以在白天找出一段空闲时间,远离电子设备,做一些让自己心情舒畅的事,有效地控制玩手机的行为。适应了这种状态之后,睡前放下手机就没那么难了。

4. 晚睡的次日留出小憩的时间

每个职场人都会遇到加班的情形,只要不是长期熬夜并无大碍。研究发现,一周之内晚睡的极限是 2 次,在这样的情况下做适当的补救,精力还是可以恢复的。如果前一天晚上睡得迟了,次日一定要留出小憩的时间。

日本的睡眠研究员发现,每天下午的 3~4 点是一个人精力最低的时候,也是人们最困的时候。所以,不妨在下午 1~3 点小憩一会儿,帮助自己快速地恢复体力和精力。小憩的时间最好控制在 20~30 分钟,最长不超过 40 分钟,否则就会进入熟睡期和深睡期,很难被叫醒。若是硬着头皮起来,也会感觉晕晕乎乎,像没睡一样。

5. 带着一点饥饿感入睡

睡前吃得过饱,会感觉身体沉重,反而是带着一点饥饿感入睡,会感觉更舒服。所以,那些躲不开的聚会大餐,尽量安排在中午,给肠胃充分的时间来消化食物。晚餐的饮食最好清淡一些,吃到六七分饱即可。

在此之前,如果你没有把睡眠太当回事,那么请你从现在开始,把睡眠作为一天当中最优先的事项去管理,不要让休闲、娱乐、消遣习惯性地挤占睡眠时间。好好睡一觉带来的休息和疗愈效果,是这些事情无法比拟的。